たのしく読めて
スラスラわかる

JN040921

化学・生物

編著
橋本さとみ

Gakken

は じ め に
·····················

「なんでこんなの勉強しないといけないの!?」

　入学したての，希望にあふれる看護学生を襲う洗礼の第一波は，おそらく「化学（基礎化学）」だと思います．

　「化学を勉強しないと国家試験の受験資格を得られないから」と説明できますが，これでは味気ないですよね．

　では，「化学を勉強するのは『ヒトの体や毎日の生活に関係しているから』だ！」ならどうでしょう．これなら，ちょっぴりやる気が出てきそうですね．

　看護学生が，化学と生物を少しでも楽しく勉強できるようにと作ったのがこの本．

　高校までの学習で苦手意識をもってしまった人も，そもそも化学や生物の科目選択をしてこなかった人も，安心して読み進められるようになっていますよ．

　「あれ？　なんで生物？」と思う人がいるかもしれません．

　実は，化学と生物は，全くの別科目ではありません．

　それはこの本を読み進めていくとわかってきますよ．

　どうぞお楽しみに！

　最後には，看護師国家試験に出る計算問題の説明もありますからね．

　基礎化学・生物の書籍化を進めてくださったナーシングキャンバスの皆様には心より感謝しております．かわいらしいイラストを描いてくださったイラストレーターの加藤陽子さんにも，心からの感謝を．

　看護に必要な，「かわいくて楽しい化学と生物のおはなし」，スタートです！

CONTENTS

化学編

橋本さとみ
（淑徳大学看護栄養学部非常勤講師）

生物編

v

Part 1

化学

化学のおはなしは，大まかに6つに分けて進めていきます．
本当はもっと広く，複雑な世界なのですが…深入りは避けますよ．
もちろん，途中で日常生活や看護に関係するおはなしもしますからね．

看護師国家試験には，化学式は出てきません．
だから，なるべく化学式を使わないように進めていきます．
それでも出てきてしまった化学式は「大事なんだ！」と意識してくださいね．

最初は，とりあえず1回最後まで読んでみましょう．
「わからないことばかり」で大丈夫です．
後から「だからあそこを勉強しないといけないんだ」とわかったら，読み直してみてくださいね．

化学って，意外と
ヒトの体に
関係してるかも！

……！

ここからのおはなし

1章 「物」ってなあに？：
お約束の確認と濃さ（濃度）のおはなし

◆「物」にまつわるお約束

💡 単体，化合物，混合物

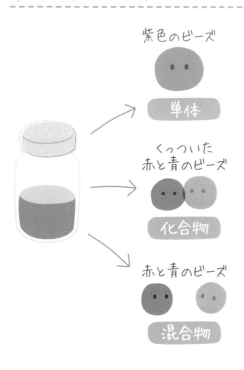

紫色のビーズ
単体

くっついた
赤と青のビーズ
化合物

赤と青のビーズ
混合物

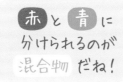
赤と青に
分けられるのが
混合物 だね！

いきなりですが，「物」とは何でしょうか．…ここで哲学に入ってしまうと，戻ってこられません．あくまで，化学の世界にとっての「物」に限定しますよ．「物」はたくさんの考え方（概念）を含んだ表現で，何と答えたらいいのかわかりませんね．それでは困ってしまうので，化学の世界では「単体」「化合物」「混合物」と分けることにしました．単体は，単一の材料からできているもの．化合物は，複数の材料からできている基本単位があり，その基本単位だけからできているもの．混合物は，複数の単体や化合物からできているものです．

…例を出した方がいいですね．蓋つき瓶の中に，紫色のものが入っていたとします．

何が入っているんだろう…と思って手を伸ばして中を見てみました．中に入っていたのは，紫色のビーズ（または小さなボール）だった…というのが単体．実は赤と青のビーズ（又は小さなボール）がくっついていたから，遠目に紫色に見えていた！…というのが化合物．

赤と青のビーズ（または小さなボール）がバラバラのまま入っていて，遠目に紫色に見えていた！…これが混合物です．

化合物と混合物の違いは，「分けることができるかできないか」です．混合物なら，赤のビーズ（または小さなボール）だけを取り分けることができます．…「したい」か「したくないか」，と聞かれると「したくない」作業ですが．化合物では，「赤のビーズ（または小さいボール）だけ」を取り分けることはできませんね．

例を出したので，単体，化合物，混合物をイメージしやすくなったと思います．一般的な教科書では，水素や鉄が単体，水が化合物，食塩水が混合物の例でしょうか．

💡 原子，分子，イオン

今回例として使ったビーズやボールは，原子や分子のおはなしにつながっていきます．原子・分子・イオン…というと頭が痛くなりそうですが，ここは簡単に．

原子というのは，1人でもいられるもの．分子というのは，1人だと不安で誰かと手をつないで安心しているもの．イオンというのは，1人だと不安だけど物の貸し借りで安心しているものです．

たとえば，新学期にクラス替えがあったとします．誰も知っている人がいなくてもいいやー，と1人で堂々としていられるのが原子．知っている人がいないと不安だから…と同じように不安な人を探して，手をつないで一緒にいようねー…というのが分子．本当は知っている人がいないと不安だけど，手をつないでベタベタ…はしたくない．本やらノートやらの貸し借りはしよう…このドライな協力関係がイオンです．これなら，難しくありませんね．

💡 電子配列と配置

分子の手のつなぎ方やイオンの貸し借りには決まりがあります．これが「電子配列と配置」というおはなし．簡単にいうと，一番外側に電子というものが8個あると，安心していられる状態です（例外は水素とヘリウム…この2つは電子2個で安心です）．

分子

分子の例として水（H_2O）をみてみましょうか．水素（H）は，そのままだと電子1個だけ．ここに，「1個しかないや…不安だな…」と思う水素が2人います．一方で，酸素（O）は，そのままだと一番外側が6個の電子しかありません．「…もう，あと2個あれば安心できるのに…」と，こちらも1人で不安です．

そんな水素2人と酸素1人が手をつなぐことにしました．「ねえねえ，電子1個ずつ分け合って，手をつながない？」水素2人が酸素に手を伸ばし，酸素もその手をつなぐ（酸素も水素と電子を分け合う＝「共有」）ことにしました．

こうすれば水素は電子2個（もともとの1個と，酸素と分け合っている1個）で安心．酸素も一番外側が電子8個（もともとの6個と，水素と分け合っている1個が2つ分）で安心です．手をつないで安心になった状態…これが水分子です．

貸して安心！　　　借りて安心！

水中では不安を感じない……
だから離れるのが　電離！

イオン

　では，イオンの例．小学校の理科や中学・高校の化学でおなじみの食塩（NaCl）でいきましょうか．

　ナトリウム（Na）は，そのままでは一番外側の電子が1個．7個借りるよりは，1つ貸し出した方が簡単ですね．「1つ貸す」はプラスが1つ付きます．逆に，塩素（Cl）はそのままでは一番外側の電子は7個．これまた，7つ貸すより1つ借りた方が簡単です．「1つ借りる」は，マイナスが1つ付きます．1つずつ電子を貸し借りしている関係…がナトリウムイオン（Na$^+$）と塩化物イオン（Cl$^-$）がくっついた食塩（NaCl）です．

　でも，イオンはちょっとドライな関係．不安を感じない環境や，もっと都合の良い友だち（?!）を見つけると，さっさと離れてしまいます．それが「水中でのイオン電離」のおはなしにつながっていくのです．

＊

　「…結構化学の話が続いてきたけど，看護に関係する話はまだですか？」お待たせしました．ようやく看護に関係のあるおはなしに入れます．濃度のおはなしです．「…どこが？」と言われてしまいそうですね．これ，点滴（輸液）や希釈（薄める）のおはなしのベースになるものです．看護師国家試験の計算問題で頻出なので，しっかり理解したいところですね．

💡 原子量，分子量，式量

「お薬の粒が何個入っているか」
なんて数えられないよ！

だから日常的な重さ（g）で
量る必要があるね！

　点滴や希釈は，お薬等の濃さ（どれくらい含まれているか）が重要です．なぜ重要か…については薬理学や微生物学にお任せしちゃいますが．少なくとも「その薬の成分さえ入っていれば，何でもいい！」ということはできません．「お薬等がどれぐらいあるか」ということは，「そのお薬等を構成する最小単位が『何個』あるか」ということ．「何個あるか」といいましたが，この化学の世界では，この『最小単位』はあまりに小さすぎて肉眼では確認できません．見ようとするなら，超強力な顕微鏡が必要です．しかもそんな小さなものを「1個，2個…」と数えて毎日の点滴を作るなんて，時間が足りませんし，必要な個数から考えても現実的ではありません．どうするのか．たくさん集めて，重さから個数を知ることにしたのです．

水素
$6.02×10^{23}$ → ぼくなら 1g!

酸素
→ 私なら 16g!

この個数の粒を集めると、
「1個あたりの粒の重さ」に
gを付けた重さになるね

小さすぎる最小単位は、1個だけでは重さを量れたものじゃありません。だからたくさん集めて、日常的な単位（グラム：g）で量ることにしました。「集める個数は、$6.02×10^{23}$個にしようねー」というのがお約束です。これを、アボガドロ数とよびます。「粒をこの個数集めると量りやすい重さになるぞ！」と昔の偉い人（アボガドロさん）が決めたことなので、ありがたく使わせてもらいましょう。なお、「10^{23}」というのは、10を23回かけた数のこと。そんな大きな数は読むのも書くのも大変なので、「10^{23}」と示すことにしています。「10の23乗」と読みますよ。

同じ粒をアボガドロ数集めると、「粒の1個当たりの重さ」にg（グラム）の単位を付けたものになります。「粒の1個当たりの重さ」は、粒が原子なら原子量、粒が分子なら分子量、粒がイオンなら式量とよびます。水（H_2O）で見てみると、H（水素）の重さは1、O（酸素）の重さは16と決められています。Hが2個、Oが1個で水ですから、H_2O（水）の分子量は1＋1＋16＝18です。つまり、水分子（粒）を$6.02×10^{23}$個集めると18gになります。粒の重さと原子量、分子量、式量とアボガドロ数の関係は便利なので、どんどん使ってください。

他にも化学のお約束はたくさんあります。これまた便利なものばかりですから、必要になったら説明していきますよ。

濃さ（濃度）

濃度の計算

点滴の話の前にもう1つおはなししておかないといけないことは、濃さ（濃度）について。

わかりやすい「固まり（固体）が水に溶けた」でまずはイメージしましょう。黒糖やブラウンシュガーのように溶けたものに色がついていれば、色の濃さで大まかな濃い・薄いはわかります。でも上白糖（普通のお砂糖）では、色の濃さで判断できません。それに微妙な濃さの違いは色つきであっても判断が難しくなります。そこで、もっとしっかり（まじめに？）濃さを知りたいときには濃度を計算することになります。何に注目するかにより、濃度にも色々な種類がありますが、「質量パーセント濃度（%）」と「モル濃度（モル/L）」は必ず理解しましょうね。

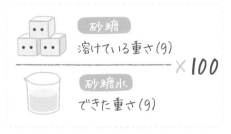

質量パーセント濃度（%）

　「質量パーセント濃度（%）」は「できた『溶けている液体の重さ（g）』のうち，『溶けているものの重さ（g）』は何%ですか」を表しています。溶かそうとするもの（固体）の重さと，できた液体の重さがわかれば計算できます。「濃度」とみたら，これを最初にイメージしてくださいね。

　具体例でいきましょう。砂糖（溶かそうとするもの）18gを水に溶かしたら，100gの砂糖水ができたとします。このできた液体の質量パーセント濃度は次の式になります。

$$(18g \div 100g) \times 100 = 18\%$$

　分母（下）ができた液体の重さ，分子（上）に溶かそうとするものの重さ，この割合を100分率（パーセント）で出すので，最後に100をかけています。教科書に書いてある溶媒，溶質，溶液という言葉に対応させると，溶媒は溶かすための水，溶質は溶かそうとする砂糖，溶液ができた砂糖水ですね。具体例を教科書調に書くと「溶質18gを溶媒に入れ，18%の溶液100gができた」です。ちょっぴり堅苦しい言葉づかいですが，文字数を減らすためには有効ですから，少しずつ慣れていきましょう。

モル濃度（モル/L）

　「モル濃度」は，「できた溶けている液体（L）のうち，溶けているものは何モルですか」を表しています。

　モル（mol）の説明が必要ですね。モルという単位は，「粒を6.02×10^{23}個集めたときに，1モルとよぼうね！」と決められたもの。…さっき，この数は出てきましたね。原子量，分子量，式量に使ったアボガドロ数です。たとえば，水（H_2O）の18gが，1モルです。水36gなら，2モルになります。砂糖にはいろいろありますが…たとえばブドウ糖（グルコース）は$C_6H_{12}O_6$です。炭素（C）の重さは12ですから，次の式になります。

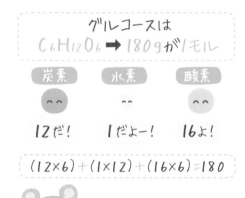

$$(12 \times 6) + (1 \times 12) + (16 \times 6) = 180g$$

　分子量がわかればモル数は簡単。ブドウ糖は180gなら1モルですから，18gなら0.1モルですね。もし水（溶媒）1ℓにブドウ糖（溶質）18gを溶かした液体があったら，その液体（溶液）の濃度は0.1モル/Lになります。

*

ここまでわかれば，点滴や消毒液希釈の基本になる「濃度」はオーケー．あとは必要に応じて，必要な量の濃さの溶液を作るだけです．看護の世界では質量パーセント濃度が使われることが多いので，意識して使いこなせるようになってくださいね．

カップラーメンと気圧のおはなし

　自分の力で山を登り，山頂で景色を満喫！　下りへのエネルギー補充を兼ねて，美しい景色の中で持参したカップラーメンでお腹を満たそうとすると…残念ながらあまりおいしくありません．これは持参したカップラーメンが悪いわけではありません．普段と「気圧」が違うからです．「気圧（大気圧）」というのは，地球を覆っている空気が押す力（圧力）のこと．空気が押す力は意外と大きいですよ．どれくらいの力かというと，76cm（760mm）の水銀（Hg）の柱が押す力と，ようやくつり合うくらいです．これを「1気圧＝760mmHg」と書き表しますよ．高い山の上に行くと，空気が薄くなるので，かかる力（圧力）が小さくなります．

　では，なぜ気圧が変わるとカップラーメンがおいしくなくなるのか．それは「お湯」のせいです．カップラーメンの容器には「沸騰したお湯を入れて…」と書いてありますね．

　この「沸騰」がポイント．普段，水は100℃で沸騰します．山の上では…80〜90℃で沸騰してしまいます．その原因こそが気圧．沸騰というのは水（液体）の粒が，空気が上から押してくる力に打ち勝って空中へと飛び出していくことです．普段は100℃でようやく水の粒が勝ちますが，山の上は気圧が低いため，もっと低い温度でも水の粒の力が勝ってしまうのです．

　すると，同じ「沸騰したお湯」を入れても，100℃近いお湯が入ることを前提に作られたカップラーメンは，90℃より低いお湯では本来のおいしさを出せない…これが「あまりおいしくない」理由．

　「でも，飛行機の中で食べたカップラーメンはおいしかったよ！」という人もいるはず．それは特別の製法で「低温のお湯でもおいしく戻せる」カップラーメンが作られているから．その特別製法のカップラーメンを入手できれば，山頂のカップラーメンも「おいしい！」はずです．

*

　2章では，気体の圧力についてのおはなしが出てきます．そのときに「大気の圧力…気圧…カップラーメン！」と思い出せば，難しいおはなしではなくなるはずですよ！

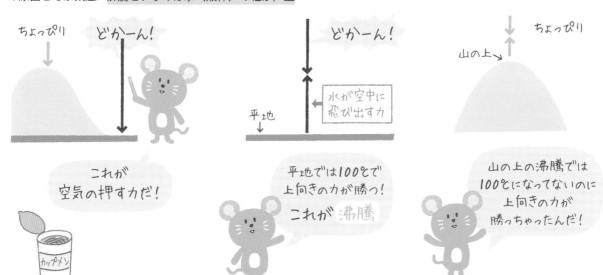

ちょっぴり　　どかーん！

これが空気の押す力だ！

どかーん！

平地　水が空中に飛び出す力

平地では100℃で上向きの力が勝つ！これが沸騰

ちょっぴり　山の上

山の上の沸騰では100℃になってないのに上向きの力が勝っちゃったんだ！

気体と三相：
肺の働きと酸素ボンベの基礎について

✦ 三相

ここでは，物の3つのスタイルについて学びましょう．固体，液体，気体についてのおはなしです．

水は液体が通常スタイルですが，固体の氷にも，気体の水蒸気にもなれますね．この3つのスタイル（三相といいます）の変化は，温度で起こります．氷を温めると水になり（固体→液体：融解），水を温めると水蒸気になります（液体→気体：蒸発・気化）．また，水蒸気を冷やすと水になり（気体→液体：液化・凝縮），水を冷やすと氷になりますね（液体→固体：凝固）．氷も水蒸気になりますし（固体→気体：昇華），水蒸気も氷になりますが（気体→固体：昇華）…，北の大地のダイヤモンドダストのような特殊環境下でないと見られませんね．固体が気体になることも，気体が固体になることも，どちらも「昇華」とよぶことに注意してくださいね．

💡 固体・液体・気体

なぜ温度で物はスタイルを変えるのでしょうか．それは温度が上がると粒の動き方が変わるからです．

固体

温度が低いと，粒は動き回れずにじっとしています．これが固体．私たちが寒いと動きたくなくなることと一緒．粒の動きが完全に止まってしまうのが，−273℃の絶対零度です．

液体

温度がある程度まで上がってくると，粒は固まりの状態から動き出せるようになります．これが液体．私たちなら，春や秋の旅行にもスポーツにも適した季節に元気に活動しているような状態です．

気体

　さらに温度が上がると…粒はもっともっと元気になり，空気中に飛び出して行ってしまいます．これが気体．いかんせん私たちは暑すぎると活動性が下がってしまうのでちょっとイメージしにくいですが…あまりの暑さに日本を脱出して海外に行ってしまった感じでしょうか．

◆ 気体

空気

ここには二酸化炭素が入るんだね！

酸素！

窒素！

　スタイルの変化と温度の関係がわかったので，ここからは気体に注目しておはなしを進めますね．先ほど「空気」といいましたが，「空気」は単体ではありません．たくさんの種類の気体が集まった混合物です．その中でも約4/5を占める窒素（N_2）と約1/5を占める酸素（O_2），残りわずかの割合のうち大事な二酸化炭素（CO_2）を覚えておいてくださいね．混合物ということは，違う種類の粒が混じっているということ．こんなとき，粒の種類ごとにどれくらいあるのか…を知りたくなったらどうしましょうか．液体なら，モル濃度（モル/L）を調べればよさそうですね．でも，気体の温度をぐぐっと下げて全部液体にしてから調べるのは大変そうです．ここで，気体の体積とモル数のお約束についておはなししましょう．

◆ 気体の体積とモル

1モルの粒が気体に
→ 1気圧，0℃なら
22.4L　　22.4L

大事だよ！

　1モルの粒が気体になったとき，標準状態ならその体積は22.4Lになります．標準状態というのは，0℃，1気圧のこと．粒は何でも構いません．窒素でも，酸素でも，二酸化炭素でも，1モルの気体の体積は22.4Lになります．

　体積（ボリューム：L）とは，重さ（g）とは違った「立体的な大きさ」のイメージ．「1Lペットボトル容器がどれくらい必要か」と考えるとちょうどいいですね．気体は，ポンプなどの道具を使えば「押し込む」ことができます．1L容器に（容器さえ頑丈なら）2L分の気体を押し込むことも可能です．「押し込む」というのは，「気体に圧力をかける」ということ．

　この押し込む力と気体の体積には一定の関係があります．P_Aという押し込む力をかけた気体の体積V_Aと，P_Bという押し込む力をかけた気体の体積V_Bについて，同じ温度，同じモル数なら，押し込む力と気体の体積をかけたものは等しくなります．

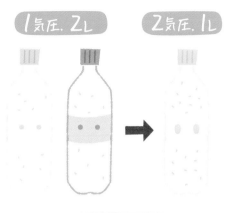

1気圧, 2L　2気圧, 1L

2倍の力で押しこめば1/2のサイズ(体積)!

先のペットボトルの例でいきましょう.

1Lペットボトル2個分の気体があったとします. 力をかけていない状態（基準状態：1気圧）のとき（P_A＝1気圧），2L（V_A＝2L）です. そして，2倍の力で押し込むと（P_B＝2気圧），1Lのペットボトル容器に入ります（V_B＝1L）.

温度と気体自体の量に変化がなければ，次の式になります.

$$P_A \times V_A = P_B \times V_B \quad （1気圧 \times 2L ＝ 2気圧 \times 1L）$$

この関係は式の中に温度を加えても成り立ちますよ. 日常的に使う温度（℃）ではなく，絶対温度（T）を使うところが注意点. 絶対温度（T）＝273＋日常の温度（℃）ですね. 先ほどの式に加えてみると，次の式になります.

$$（P_A \times V_A） \div T_A ＝ （P_B \times V_B） \div T_B$$

この式が表したいことは，「気体の圧力は容器の大きさ（V）と絶対温度（T）に左右されるよ」です.

ここまでわかったら，空気のおはなしを思い出してみましょう. 空気は，窒素や酸素や二酸化炭素が混ざった気体でした. それぞれの気体の圧力はどう量ればいいのか…がこのおはなしの始まりでした.

それぞれの気体の圧力は，粒の数（モル数）に比例します. 窒素の圧力をP_N，酸素の圧力をP_{O_2}，二酸化炭素の圧力をP_{CO_2}とすると，次の式になります.

$$1気圧 \fallingdotseq P_N ＋ P_{O_2} ＋ P_{CO_2}$$

「約（≒）」なのは，他にも混ざっている気体があるから. 窒素が約4/5，酸素が約1/5でしたから，大まかにいうならP_N分圧は0.8気圧，P_{O_2}分圧は0.2気圧. P_{CO_2}気圧はもっと少ないですね. このときのそれぞれの気体の圧力を「分圧」とよんでいます. 酸素分圧，二酸化炭素分圧といわれたら，「酸素の粒による圧力」「二酸化炭素の粒による圧力」という意味ですね.

さて，もうそろそろ「こんなの学んで何になるのさぁ!?」といいたくなるころのはず．圧力のおはなしは，看護の世界では肺の交換メカニズムと血圧計の原理に関係しています．

肺の交換メカニズムと血圧計の原理

肺の交換メカニズム

肺というのは，私たちの体の中で酸素と二酸化炭素を交換しているところ．「なぜ身体に酸素が必要なのか」「なぜ身体から二酸化炭素を出さなくてはいけないのか」…これらについては他の科目で学習できるはず．とにかく，肺が酸素と二酸化炭素を交換することは，私たちが生きていくために必要不可欠なのです．

ではなぜ肺は酸素と二酸化炭素を交換できるのか．それは分圧による「ぎゅうぎゅう，すかすか」の関係があるからです．分圧という言葉は先ほど出てきましたね．酸素の粒や二酸化炭素の粒による圧力のことです．分圧を次のように考えてみましょう．

ぎゅうぎゅう　すかすか

難しくないよね？

同じ温度で分圧が高いということは，粒が多くて「ぎゅうぎゅう」の状態
同じ温度で分圧が低いということは，粒が少なくて「すかすか」の状態

みなさんが電車に乗ったとき，なぜかその車両だけ満員（ぎゅうぎゅう）だったとします．乗り換えに支障がないなら，空いている（すかすか）の車両に移りたくなりますね．粒も同じ．動ける状態にあるなら，「ぎゅうぎゅう（分圧が高い）」から「すかすか（分圧が低い）」へと動きます．

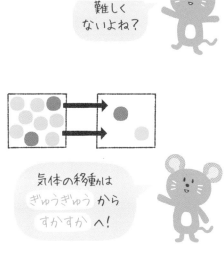

気体の移動は
ぎゅうぎゅうから
すかすかへ！

肺の中に入った空気と，肺を通る血液の間は「動ける状態」です．そして肺を通る（肺に入ってきた）血液中の酸素分圧は空気中の酸素分圧より低く，二酸化炭素分圧は空気中の二酸化炭素分圧より高くなっています．「ぎゅうぎゅう」から「すかすか」へ移動すると，酸素は空気中から血液中に移動し，二酸化炭素は血液中から空気中に移動します．これが，肺における酸素と二酸化炭素の交換です．

肺胞　血管

酸素も二酸化炭素も
ぎゅうぎゅうから
すかすかへ！

💡 酸素解離曲線

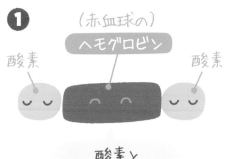

❶

（赤血球の）
ヘモグロビン

酸素　　　　　　　　　　酸素

酸素と
手をつないだよ

　このおはなしがわかるということは，酸素解離曲線がわかるということでもあります．酸素解離曲線というのは，血液中の酸素運搬担当「赤血球」がどれくらいの酸素分圧のところで酸素を手放すかを示した曲線です．

　まず，肺から体内に入ってきた酸素は赤血球と「ゆるーく」手をつなぎます．イラストの①に当たる部分ですね．全部の赤血球が手をつなぐわけではありませんが，約99％は手をつなぐと思ってくれればオーケー．この「ゆるーく」くっつくのが大事なこと．

　酸素とくっつけないと酸素を運べないのは当然のことですが，酸素と手を離せないほどくっついてしまっても「全身の細胞に酸素を運ぶ」役割は果たせません．赤血球は血液が全身をめぐる途中で少しずつ周囲の細胞に酸素を提供して（酸素から手を離して）いきます．

　これがイラストの②に当たる部分．全部の赤血球が手を離す前に，また肺に戻ってきて，手が空いている赤血球は酸素とまた手をつなぐ…この繰り返しです．

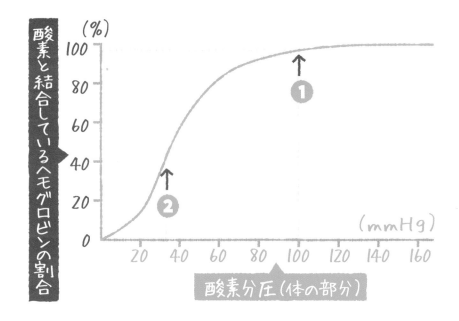

❷

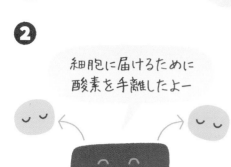

細胞に届けるために
酸素を手離したよー

胎児型ヘモグロビン

大人のものとはちょっと違うよ.
酸素分圧が低くても
酸素と手をつなげるんだ

この赤血球の手のつなぎ方, 手の離し方はヒトの状態によって変わってきます. たとえば, お母さんのお腹の中にいる赤ちゃん. 赤ちゃんは直接空気を吸うことができませんから, お母さんの血液が運んできてくれた酸素と手をつながないといけません. そのためには「お母さんの赤血球が酸素から手を離したところで, 赤ちゃんの赤血球は酸素と手をつなぐ」ことが必要になってきます. このため, お母さんと赤ちゃんが同じ酸素解離曲線では, 手をつなげない (酸素と手をつなげる赤血球が少ない) ため, 赤ちゃんが酸素不足で苦しくなってしまうので, だめですよ.

だから, 赤ちゃんの赤血球は, 酸素と手をつなぐところ (ヘモグロビンという色素) が大人とちょっと違うものを使います. この「ちょっと違う色素」のおかげで, 赤ちゃんの赤血球は「お母さんの赤血球が酸素から手を放すところ」で酸素と手をつなぎ, 赤ちゃんの全身 (体中の細胞) に酸素を届けに行けるのです. そんな赤ちゃんの酸素解離曲線はお母さんの酸素解離曲線より左側 (縦軸に酸素飽和度, 横軸に酸素分圧:左側は酸素分圧の低い方) にあります. こうすることで, 赤ちゃんはお母さんのお腹の中にいながら, 全身に酸素を届けることができるようになるのです.

💡 血圧計の原理

脈がとれるところ

血管内側から血液の押す力が
80～120mmHg くらいだね!

ここで, 古典的水銀柱血圧計の原理のおはなしをしておきましょう. 1気圧は76cm水銀柱 (760mmHg) と1章の最後におはなししました. この「mmHg」という単位が出てくるのは, 主に血液の圧力 (血圧) です. これから色々な分野で血圧の基準値 (正常値) が出てくると思います.

ちなみに, 日本高血圧学会では129mmHg/84mmHgが「正常血圧」の上限としていますね. これが何を意味している数値か, についてちょっと説明. 心臓はポンプのように血液を全身にめぐらせています. 「ポンプがぎゅっと縮んで圧力をかけ, 全身に血液を送り出したときに血管にかかる圧力 (収縮期血圧) は, 129mmHgより低くしましょうね. ポンプが緩んで血管にかかる力が一番低いときの圧力 (拡張期血圧) は, 84mmHgより低くしましょうね. それなら正常血圧ですよ」といっているのです.

血管にかかる圧力は, 脈をとれるところ (手首や首など) に指をあててみるとわかりますね. 健康な人では, 血管の内側から80～120mmHgぐらいの力で押されていることになります.

kgf/cm², MPa, 気圧

圧力の単位ってことだけは忘れないでね

看護の世界では他にも圧力を示す単位が出てきます．出てくる場所は酸素ボンベの計算．これまた看護師国家試験でお世話になるところです．一応，単位だけは紹介しておきますね．

出てくる単位は「kgf/cm²」「MPa」です．以前は「気圧」も出てきましたが，近年は「kgf/cm²」「MPa」に統一されています．これらの文字を見てびっくりしてはだめですよ．「あっ！ 圧力だね！」と思ってください．実は，計算をするときに単位の内容を理解する必要はありません．問題文にある初期状態をもとに，比例の計算式を立てるだけです．

COLUMN

国家試験の酸素ボンベ計算のおはなし

圧力の単位が出てきましたので，看護師国家試験計算問題の1つ「酸素ボンベ計算」をしてみましょう．早速，次の問題を，一緒に解いてみましょう．

> 酸素500L，150kgf/cm²がボンベの初期状態です．少し酸素ボンベを使用しました．ボンベについていた圧力計は，使用後に90kgf/cm²を指していたとしましょう．
> 使用後の酸素ボンベには，酸素が何L残っていますか．

＊初期状態（納品されたときのままの未使用の状態）

本文中で学習した体積と圧力と温度の式を使いたくなりますが…ちょっとまって！ 初期状態と使った後で，ボンベの中に残っている酸素の粒の数（モル数）が変わっています．

あの式は「同じ粒の数（モル数）のときに，圧力や体積や温度が変わっても一定の関係は保たれるよ！」というもの．粒の数（モル数）が変わってしまったときには，あの式のままでは使えません．どうすればいいのか．比例の式を使えば，問題が解けますよ！

$$\frac{PV}{T} = \frac{P'V'}{T'}$$

を使えないときには比例の式を使おう！

比例の式というのは，等号（＝）の両側に同じものを同じ方において「○：●」の形で示したものです．○のときに●，△のときに▲という関係があれば，「○：●＝△：▲」という式ですね．では，先ほどの問題文を比例の式にしてみましょう．

使用前	使用後
500Lの酸素が入っていて150kgf/cm²の力で中から外に押されてる	残量（ ）の酸素が入っていて90kgf/cm²の力で中から外に押されてる

$$\underset{\text{のとき}}{500L} : \underset{\text{の圧力}}{150\,kgf/cm^2} = \underset{\text{のとき}}{残量L} : \underset{\text{の圧力}}{90\,kgf/cm^2}$$

比例の式にしてみよう！
できたかな？

初期状態では500Lの酸素が入っていて，酸素の粒が周囲を押す力（ボンベ内圧力）は150 kgf/cm²でした．そして，「酸素残量（L）」が入っているとき，残った酸素の粒が周囲を押す力（ボンベ内圧力）は90 kgf/cm²でした．これをまとめると，次の式になりますね．

500L：150 kgf/cm²＝酸素残量（L）：90 kgf/cm²

算数や数学の本では知りたい量をx（代数）として式を立てますね．xだと何をしているかわからなくなる…という人は，「知りたい酸素の量（L）」などのように文字で書

いてもいいですよ．このとき，単位（ここではL）を書いておくことを忘れずに．

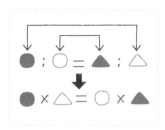

 あとは解けるね！

式ができたら，解いて答えを出しましょう．比例の式の解き方は，外側どうし内側どうしを掛け合わせればオーケーです．
酸素残量(L)×150 kgf/cm² = 500L×90 kgf/cm²

あとは両辺を150 kgf/cm²で割ると，次の式が出てきます．

酸素残量(L) = 500L×90 kgf/cm² ÷ 150 kgf/cm²
＝300L

これでみなさんは国家試験に出る計算問題の1つを解けるようになりましたよ！
ちなみに，同じく国家試験に出る計算問題のもう1つも比例の式で解けますよ．それは点滴（輸液）計算．気体のおはなしからは外れてしまうのでここではおはなししませんが，単位をつけた比例の式さえ立てることができれば難しくありません．比例の式は便利なので，早く自由に使えるようになりましょうね！

⓪問題文を比例の式を立てやすいように書き替える
①等号の両側に同じものを，同じ側に置く
②外側どうし，内側どうしを掛け合わせて，等号（イコール）でつなぐ

3章

固体と液体・溶解：
浸透圧，ぎゅうぎゅう，すかすか液体版

2章では気体に注目しておはなしをしたので，ここでは固体と液体についてのおはなしです．「溶ける（溶解）」に注目したおはなしにもなります．

✦ 溶ける①：希薄

💡 希薄溶液

固体は固まりで，液体は流れるもの．これはいいですよね．固体・液体・気体のそれぞれの状態が「相」です．そして水は0℃まで冷やされると氷になり，氷は0℃まで温めると水になります．これを「（液体から固体へ，固体から液体へ）温度によって相変化する」といいます．2章でみてきたように「温度が変わる」ということは，その構成成分の粒の動き方が変わることでもありましたよ．

ところが，氷点下でも凍らない液体もあります．その液体には「何か他のもの」が混ざっている可能性があります．ここで「他のものが混ざる」溶解についてみていきましょう．

その前に，「希薄溶液」について少しおはなししますよ．

凝固点降下！
沸点上昇！
蒸気圧降下！

「希薄」な「溶液」

まず，「希薄」というのは「すごく薄い」という意味．そして，「溶液」というのは，2章でおはなしした溶媒に溶質が溶けた状態です．…要するに，水に砂糖が溶けた砂糖水が，溶液です．

この2つから砂糖が「適度な少なさ」なら，希薄溶液完成になります．具体的に「どれぐらいの濃度なら希薄溶液か」と定められていないので，ちょっとすっきりしないのですが…．何かが溶けていることに気付いたら「もしかして，希薄溶液？」と思い出してください．

粒の動き方の違いってことは，いいね？

これが特性……

次に，希薄溶液の特性の内容．「凝固点降下」「沸点上昇」「蒸気圧降下」についてみていきましょう．

凝固点降下

こちらも具体例でいきましょう．氷に塩を入れてかき混ぜると，0℃以下の水の部分ができることを知っていますか？　氷（水の固体）が溶けた（液体になった）ところに塩が混ざり，食塩水ができます．その食塩水になった部分が周りの氷のせいで0℃以下に冷やされても，氷（固体）になりません．凝固（液体が固体になる）する点（温度）が下がったので，凝固点降下です．実際，海水は凍りにくいのは北極海で「水の部分がある」ことからわかりますよね．同じ原理で北の大地でもエンジンオイルが凍らないように車に入れておくのが，不凍液（エチレングリコール水溶液）です．

沸点上昇

また，プリンに欠かせないカラメルは砂糖と少量の水を混ぜて120℃以上まで加熱して作るものです．黒くボソボソの状態にしてしまうと，もう水分がないただの炭化物（＝炭）になってしまいますが，そこまでは「砂糖水溶液」として存在しているということです．これが，沸点上昇ですね．

蒸気圧降下

また，海やプールの後でぬれた布は，普段の洗濯物より乾きにくいものです．これは蒸気圧降下のせい．つまり，希薄溶液が気体になりにくいせいです．気体になるということは，液体の表面を押している大気圧に押し勝って，粒が空気中に飛び出していくということ．

大気圧に押し勝って気体になる力が蒸気圧だと思ってください．蒸気圧が下がると，大気圧を押し返せずに気体になれないから，気体化（気化・蒸発）しにくくなるのです．だから希薄溶液は気体になりにくく…「乾かない！」というわけです．

なお，生乾きの臭いは微生物の活動によるもの．微生物は水分がないと活動できませんから，臭い防止のためにもレジャーの後はちゃんと水洗いしてから乾かしてくださいね．

凝固点降下！
➡ 0℃以下の食塩水

沸点上昇！
➡ 120℃以上のカラメル

蒸気圧降下！
➡ 海水の生乾き

なるほどね！

血液

細胞

いろいろと
溶けてるよー！

そっか！
血液や細胞内液は
希薄溶液なんだ！

*

以上が，希薄溶液の特性でした．

…これが何の役に立つのか．私たちの体の中にある液体は，ただの水ではありません．

血液も，細胞内液も，何かが溶けている希薄溶液だらけです．だから私たち（の細胞）は「化学で学んだ三相そのままじゃないんだ！」として考えることが必要です．

みなさんは「固体・液体・気体の三相」の基本を理解しましたし，そのうえで「何かが溶けている希薄溶液だとちょっと違ってくるぞ！」の具体例も確認済み．安心して先に進みましょう．次に理解してほしいことは「じゃあ体の中の水には何が溶けているのかな？」ですが，これはもう少し進んでからおはなししますね．

◆ 溶ける②：溶解

同じものが固体から液体になり，液体から固体になる「相変化」のおはなしが終わりました．次は，他のものとの関係「溶解」です．

わかりやすいのが水と砂糖の関係や水と塩の関係です．砂糖も食塩（どちらも固体）も水（液体）に溶けますね．この「溶ける」を「溶解」とよびます．でも，同じ溶けるといっても砂糖は水に溶ける量とお湯に溶ける量が大違い．かたや食塩は，温度によって溶け方はあまり左右されません．「溶解度」というのは，同じ量（例えば水1L）に溶ける量のこと．砂糖は水では溶解度が低く，お湯では溶解度が高くなります．食塩では水とお湯で溶解度はさほど変わりませんよ．

水とお湯の違いは温度．「砂糖は温度変化による溶解度変化が大きい．塩（食塩）は温度変化による溶解度変化が小さい」ですね．

再結晶にはちょっぴり
テクニックが必要だよ！

尿酸塩

俺に触れると
ケガするぜ！

とんがった
尿酸塩結晶になる前に，
排出だね！

溶けたものが再び固体化するのが再結晶．溶解度が変わったせいで，もう溶けていられなくなった粒が固体に戻ったものです．再結晶しているときの溶液は，溶けているもの（溶質）が限界まで溶けている飽和水溶液になっています．砂糖も食塩も，溶かせるまで溶かした後に冷やすことで再結晶させることができます．ただ，目で見てすぐにわかるくらいの大きな再結晶を作るためにはちょっとしたテクニックが必要になりますので，興味がある人は調べてみてくださいね．

実生活の中でこれらの飽和水溶液を作る機会はありませんが…体の中では別の物が飽和して結晶になってしまうことがあります．その一例が尿酸塩結晶．多くの中高年男性がその痛みにおびえる痛風の原因です．原因となる尿酸塩は，ほとんど水に溶けません．だからできたらさっさと水圧で押し流すように体外へと捨てていきます．

でも，捨てるよりもできるペースが早いと体内で飽和し，血管の中で結晶化してしまいます．しかも質（たち）の悪いことに，この尿酸塩結晶はとがっています．針のように鋭くとがった結晶ができてしまうと，少し結晶が動いただけで周囲の血管に刺さって痛みが…！これが「風が吹いただけで痛む」と言われる痛風の痛みです．

男性の患者さんが9割以上を占める理由は，男性ホルモンが尿酸塩の排出に協力してくれないせい（女性ホルモンはせっせと尿酸塩の排出に協力してくれます）．中高年に多いのはアルコールや尿酸のもとになる食生活のせいと，男性ホルモンとの合わせ技のせいです．これらは，他の科目できちんと学習してくださいね．

✦ 有機溶媒

化学の「溶ける」おはなしに戻りましょう．

わかりやすい例として溶かし込む液体（溶媒）を「水」としておはなししましたが，溶媒になれるのは水だけではありませんよ．水性ペンの文字は書く場所を間違えなければ水で落とせますね．インクの色（色素）が水に溶けるからです．

炭素

これがあれば，
有機（の可能性が高い）！
これがないと，無機！

では，油性ペンで書いた文字は？　シンナーや除光液（マニキュア落とし）で落とせます．これも，油性ペンの色素がシンナーや除光液に溶けたから．シンナーや除光液は有機溶媒とよばれます．

「有機」って何だろう？　と思いますよね．実は，有機と無機の区別は結構微妙で難しいので，ここではひとまず，「炭素（C）を含んでいないものと，一酸化炭素，二酸化炭素，炭酸ナトリウム等は無機，それ以外の炭素を含むものは有機！」と分けます．本当は「炭素があるかないか！」で分けられれば楽だったのに…．一酸化炭素（CO），二酸化炭素（CO_2），炭酸ナトリウム（Na_2CO_3）などは無機の仲間なので，仕方がない．とりあえず大事なことは，「有機とは中に炭素が含まれているんだ」です．

有機溶媒は，他の物を溶かすことのできる有機化合物です．「化合物」とはいろいろなものが組み合わさってできているもの．「有機」の文字がありますから，炭素が含まれていますね．そして「溶かすことのできる」ですから，常温では液体ですね．有機溶媒は水に溶けないものを溶かすことができるので，油性ペンやマニキュアも落とせた…というわけです．なお，気体になると空気より重く，独特なにおいがあり，引火しやすいのも特徴です．

看護の世界で出てくる有機溶媒としては，注射前の消毒に使うエタノールとアセトンを覚えておきましょう．アセトンは一般的な除光液の成分で，糖尿病患者さんの吐く息に出てくるものです．なぜ糖尿病になるとアセトンが出てくるのか…について詳しくは，生化学はじめ，他の科目で確認してくださいね．

◆ 親水基と疎水基

カルボキシル基

$-COOH$

水好き！

炭化水素鎖

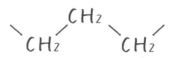

水嫌い！

「水に溶ける」「水に溶けない」は，分子が水と仲良くできるか（なじむことができるか）否かに関係しています．

分子のうち，「水なじみの良い部分」を親水基（水好き），「水とはなじまず，油なじみの良い部分」を疎水基（水嫌い）とよんでいます．親水基の代表がCOOHのカルボキシル基．疎水基の代表が炭素と水素でできた鎖（炭化水素鎖・炭素水素鎖）です．他にもたくさんの親水基（水好き），疎水基（水嫌い）がありますが，まずはこの2つから覚えましょう．

💡 親水基

カルボキシル基（COOH）を持つ分子の代表が単糖（糖）やアミノ酸. 水なじみ, とてもいい感じです. すぐ後（と4章）で出てくる酢酸（酢：CH_3COOH）もカルボキシル基持ちですね.

💡 疎水基

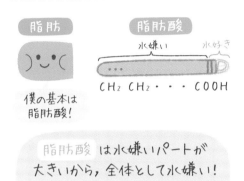

炭化水素鎖を持つ分子の代表は脂肪酸（つまり「脂質」のことです）. 脂肪酸にはたくさんの種類があって誰を紹介していいのか困りますが, 炭素16個のパルミチン酸（$CH_3(CH_2)_{14}COOH$）を紹介します. なお, パルミチン酸の中にはカルボキシル基（COOH）もいますね. 脂肪酸は, 水好きパートのカルボキシル基と水嫌いパートの炭化水素鎖がくっついてできたものです. でも水嫌いパートの方が大きいせいで, 分子全体としては水嫌い（疎水性）になっています.

ここで, シンナーや除光液の分子をみてみましょう. シンナーの主成分はトルエン（C_7H_8）, 除光液の主成分はアセトン（C_3H_6O）. どちらにも, 炭素と水素の鎖がありますね.

炭素と水素の鎖があったら水嫌い, カルボキシル基があったら水好き！ 仲の良い物どうしなら, 手をつないで自由に動いていける…これが「溶ける」で理解して欲しいことです.

*

以上, 「溶解」のおはなしでした.「水に溶ける」だけではなく「油に溶ける」もイメージできるようになったはずです.

💡 ミセル

ここでちょっとクイズ. 水の中に「油にしか溶けないもの」を溶かすにはどうしたらいいでしょう？ ヒントは「溶ける」というのは「なじみをよくして手をつなぐ」ということです.

そして「他の物を加えてもいいですよ」という条件も加えましょう. …頭の中だけで考えようとすると大変です. だから「マヨネーズを分離させずに作るにはどうしましょうか」という問題に変えて, 考えてみましょう.

マヨネーズ

油（油分）
酢（水分）
卵

これ，ヒントかも！

マヨネーズに最低限必要な材料は，卵，塩胡椒，油，酢です．カルボキシル基を持つ水好き組の酢（CH₃COOH）と，水嫌い組の油がいますね．どうやら，卵をうまく使うところにポイントがありそうです．まず卵黄だけをボウルに入れ，ほぐしながら酢と塩胡椒を入れます．そしてよく混ぜながら，少しずつ油を加えていきましょう．うまくいくと，白く，もったりとした不透明なマヨネーズが完成です．

水嫌いも水好きも手をつなげているのはなぜか．マヨネーズの中を分子レベルでよく見ると…小さなボールが見えてきます．このボールは中央部に油の粒があり，それを取り囲むように小さなタンパク質（アミノ酸が集まったもの）や「何かがくっついた脂肪酸」が集まってできています．ボール全体は水になじんでいるので，少なくとも表面は水好き（親水基）．

そして中央部に油が入っていた以上，その油に接している部分は水嫌い（疎水基）のようですね．確かにこうすれば，「油にしか溶けないもの」を水の中に溶かし込むことができます．

これが，クイズの答え．

答えになった小さなボールの形をしたものを「ミセル」とよびます．ミセルはマヨネーズ作りのとき以外にも働いていますよ．私たちの体の中で脂質（脂肪，脂肪酸）を吸収するときには，このミセルの形を利用しています．ミセルにするのを助けるものが胆汁酸です．

ビタミンには脂溶性のものもありますから，「脂肪は吸収しなくてもいいやー」なんていわずにちゃんとミセルを作ること！

ミセル

● は水好き
─ は水嫌い……
これなら水の中に
油を溶かせるよ！

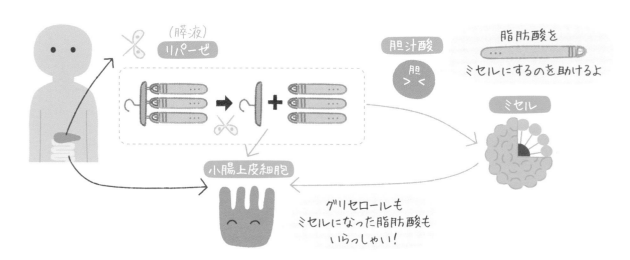

（膵液）
リパーゼ

胆汁酸

脂肪酸を
ミセルにするのを助けるよ

ミセル

小腸上皮細胞

グリセロールも
ミセルになった脂肪酸も
いらっしゃい！

コロイド溶液

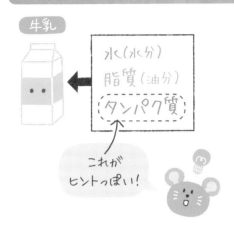

牛乳

水（水分）
脂質（油分）
タンパク質

これが
ヒントっぽい！

ぼくら カゼインミセル！
水中に散らばると、
沈まないでコロイド溶液！

ちっちゃい

$10^{-7} \sim 10^{-9}$ m

血液

ア

よろしくね！

ぼく、アルブミン！
水に溶けないものをくっつけて
コロイドにしちゃうよー！

なるほどね！

実は，先ほどのクイズの答えは1つではありません．「水の中に油とくっついて，沈まずに浮かんでいられるものを入れる」も答えです．

具体例としては，牛乳．牛乳はその87％が水分．それ以外は脂質が約4％，タンパク質が約3％と続きます．本来水嫌いな脂肪が，水嫌いどうしで集まって固まりにならないのはなぜでしょうか．それは牛乳に含まれるカゼインタンパク質が脂肪と手をつないで小さなボール（カゼインミセル）になってくれているからです．カゼインミセルという球体の直径は約$3 \times 10^{-7} \sim 3 \times 10^{-8}$ m．これぐらいの大きさだと，水の中で浮かびも沈みもせず，水分子の中でふわふわと浮いていることができます．

この大きさのものが水中に溶けたものが，「コロイド溶液」です．コロイド溶液は10^{-7} m〜10^{-9} mぐらいの粒が水の中で均一に散らばったもの．カゼインミセルは3×10^{-7} m〜3×10^{-8} mですから，ぴったり．

コロイド溶液の特性はチンダル現象です．周りを暗くして透明なコップに入れた牛乳に横から細く（ペンライト等で）光を当ててみましょう．光を当てたところだけぼんやりと光るすじになります．これ，光がミセルの粒にぶつかっているからです．暗幕を引いた教室や体育館で，外からの光が差し込むところが光のすじになって見えるのも，チンダル現象です．このときは，光がぶつかっているのは舞い上がったほこりの粒ですね．

…これまたなんの役に立つのかって？

先ほどのクイズのもう1つの答えの出し方が，血液中の「水に溶けないものを運ぶメカニズム」です．血液の中に溶けているものの多くは，糖のように水に溶けたり，ナトリウムイオン（Na^+）やカリウムイオン（K^+）のようにイオン化したりして水に溶けています．

でも，水に溶けないものも運ぶ必要があります．そんなとき，血液中にある血漿タンパク質（アルブミン）にくっつけて運んでいくのです．血漿タンパク質にくっつけた後の大きさが$10^{-7} \sim 10^{-9}$ mぐらいならコロイド溶液としてふわふわただよっていられましたよね．

アルブミン自体が6×10^{-9} mなのでコロイド溶液になれますし，10^{-7} mくらいの大きさまでは水に溶けないものをくっつけてコロイド溶液のままでいられます．つまり，油にしか溶けないものも，血液にのせて運ぶことができます．このように「物を運ぶ」働きがあるので，アルブミンは「運搬タンパク質」とよばれることもありますよ．

「ぎゅうぎゅう，すかすか」の液体版

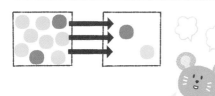

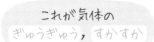

これが気体の
ぎゅうぎゅう，すかすか

さて，途中でいろいろとおはなしをはさんできましたので，「こんなの何の役に立つのさぁ！」という声は出てこないと思いますが…．2章との対比で，ここでおはなししなくてはならない話題があります．それは「ぎゅうぎゅう，すかすか」の液体版です．

2章でおはなしした固体についての「ぎゅうぎゅう，すかすか」は，「粒が多いほうから少ないほうに動く！」でしたね．液体版「ぎゅうぎゅう，すかすか」では「水の粒」が「濃いほうから薄いほうに動く」ですよ．

💡 浸透圧と濃度

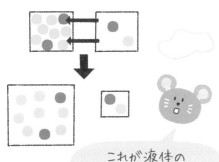

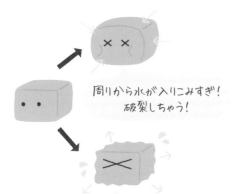

これが液体の
ぎゅうぎゅう，すかすか

周りから水が入りこみすぎ！
破裂しちゃう！

周りに水が
出ていっちゃった……
水が足りなくてもうダメ……

だから細胞内外の
濃度は等しくしないと
いけない……

まず，気体と液体の違いは…漢字はもちろんですが，粒の運動性が違いましたね．気体は国外脱出，液体は国内旅行…と，動くとはいえ，動く範囲が違いました．液体は「液体の中」でしか動けません．しかも，水の粒は分子という目で見れば結構小さいほうです．それより小さい分子もあることはありますが，水の出入りは自由に許すけれども，ほかの粒の動きは制限する…細胞の世界ではよくあることです．

そうすると「ぎゅうぎゅう，すかすか」の状態で動き回れる自由があるのは，水の粒だけ，ということになりそうです．「濃い液体」と「薄い液体」があって，その間に壁はあるけど水の出入りは邪魔されないなら，薄い液体の中にいた水の粒は，濃い液体のほうに動いていきます．これが液体版「ぎゅうぎゅう，すかすか」です．そしてこの水の粒が動いていこうとする力が「浸透圧」です．

そのうえで，「細胞とその周りの濃さが同じじゃないとヤバい！」ということを理解してほしいのです．細胞の中が濃いと，細胞内に水の粒が流れ込んできて水浸し…で済めばよいのですが，あまりにも差があると細胞内に水が入り込みすぎ，パンパンになって最後は細胞が破裂してしまいます．これでは細胞は生きていけません．細胞の中が薄いと…今度は細胞の外に水の粒が出て行ってしまいます．細胞は水不足でしおれてしまい…こちらも細胞は死んでしまいますね．だから，細胞内外の濃度は等しくないといけません．

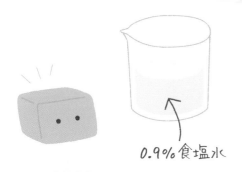

おっ!? 同じ濃さだ！

0.9％食塩水

そこで，生理食塩水の話が出てくるのです．生理食塩水というのは，0.9％食塩水のこと．これだけでは薄味すぎて飲んでもおいしくありませんが，少し果汁を入れると熱中症や下痢後の水分補給にもってこいの一品になります．なぜこの食塩水に「生理」の2文字がついているのかというと，この食塩水の薄さ（濃さ）はヒト細胞にとって，内外の濃度がほぼ等しくなるちょうどいい濃度なのです．これを等張液とよぶこともありますね．あくまで「ヒト」にとってですから，ペットの脱水時に使っても等張液にはなりませんよ．「体の中の水分が足りなーい！」というときにこの生理食塩水なら，ぐびぐび飲んでも細胞内外で「ぎゅうぎゅう，すかすか」による水の移動が起きずに済みます．逆に，ちゃんと考えないで水分を補給すると，細胞レベルでは更なる脱水や「細胞破裂の大惨事！」が起こりうるのです．本当は他にも考えなくちゃいけないことはありますが…それはもう少し進んでからのおはなしですね．

COLUMN

指数についてのおはなし

コロイド溶液のところで「10^{-7}」が出てきました．この「右上に小さく書かれている数字（上記なら『-7』）」を「指数」といいます．

指数は「同じもの（上記なら『10』）を何回掛けたか」を示しています．たとえば「10^2」は$10×10＝100$のこと．「10^4」は$10×10×10×10＝10,000$のことですね．大きな数を限られた空間で正確に伝えたいときに，指数はとても便利です．

逆に小さな数を限られた空間で正確に伝えるときにも，指数は便利ですよ．小さな数を表すときには「0.1を何回掛けたか」で示します．そして「0.1」は「1/10」とも「10^{-1}」とも書きますよ．大きな数との対比で，指数を使うときには「10^{-1}」と書くことが多いですね．たとえば「10^{-2}」は$0.1×0.1＝0.01$．「10^{-3}」は$0.1×0.1×0.1＝0.001$ですね．

ここで，「10^2（$＝100$）」と「10^{-2}（$＝0.01$）」を見比べてみましょう．「10^{-2}」は「10^2」を右から書いて，小数点を付けた形になっていますね．そして10を「何回掛けたか」の指数部分にも注目してください．

指数部分がプラス（正の数）のとき，指数が大きいほどその数は大きな数になります．これは「10^4（$＝10,000$）が10^2（$＝100$）より大きい数」なのですぐわかりますね．

指数部分がプラスなら，指数の数字が大きいほど大きな数！

$$100 = 10^3$$
$$10,000 = 10^4$$

指数部分がマイナス（負の数）のときには，指数が大きいほどその数は小さな数になります．ここについても先ほど確認した「10^{-3}（$＝0.001$）は10^{-2}（$＝0.01$）よりも小さい数」を見ればわかりますよね．

指数部分がマイナスなら，指数の数字が大きいほど小さい数だね！

$$0.01 = 10^{-3}$$
$$0.001 = 10^{-4}$$

ここまでわかったら，3章の本文を読み直してみてください．コロイド溶液の中にある粒の小ささが先ほどよりもイメージできるようになったはず．血液の中にあるアルブミンの大きさもそれぐらいです．生物パートで「アルブミン」の文字を見たら，「あっ！　すごく小さい粒だ！」と思い出してくださいね．

浸透圧以外に細胞が必要なもののおはなし

生理食塩水（0.9％食塩水）はヒトの細胞にとって浸透圧が等しい（等張）液体．でも「細胞が生きる」ことを考えると，浸透圧が等しいだけでは不十分です．もちろん，水や「食塩が水に溶けて出来たイオン（ナトリウムイオン（Na⁺），塩化物イオン）」は細胞が生きるために必要．

他にも必要なものがありますね．イオンに注目するならカルシウムイオン（Ca⁺）とカリウムイオン（K⁺）も必要．生理食塩水をもとにカルシウムイオン（Ca⁺）やカリウムイオン（K⁺）を加えて浸透圧を調節したものを「リンゲル液」とよびます．リンゲル液に乳酸や酢酸，重炭酸を加えることもありますからね．

なお，生理食塩水や各種リンゲル液は，細胞（と同時に血液の液体成分血漿）と浸透圧が等しい等張液．そして血液の液体成分とイオンの濃さ（電解質濃度）がほぼ同じなので「等張電解質（輸液）」ともいいます．「急な出血等で血液不足だけど輸血ができない！」というときには，生理食塩水やリンゲル液を輸液（点滴）することになります．

また，「細胞が生きる」ためにはATPをとりだせるものも欲しいところです．生理食塩水をベースにグルコース（糖）を加えたものが「低張電解質（輸液）」．浸透圧は細胞と同じ（等張）ですが，グルコースを混ぜた分だけ血液の液体成分よりも電解質濃度（イオンの濃さ）は薄くなったので「低張電解質」です．細胞がグルコースからATPを取り出すと，水ができます．具体的な化学反応式はこの後の5章で確認しましょう．

最初に準備した（ボトルやパックに入った）状態から，体の中に入ると（細胞がATPを取り出して）グルコースが減って水が増えます．結果として浸透圧の低い液体を体に入れたことになりますね．浸透圧が低いので，細胞の中へと水（と一緒に各種イオンやグルコースも）が入り込みます．だから低張電解質輸液は細胞内の水分不足を補うことができますね．

看護の現場でよく使われる低張電解質輸液は「3号液（維持液）」．水，ナトリウムイオン（Na⁺），塩化物イオン，カリウムイオン（K⁺），グルコース（と乳酸）をバランスよく含んだ輸液です．

その次によく使われるのは「1号液（開始液）」．1号液は具合の悪くなった原因がわからないときに使う輸液で，水とナトリウムイオン（Na⁺），塩化物イオン，グルコース（と乳酸）が含まれます．大事なことは，1号液にカリウムイオン（K⁺）が含まれていないこと．その理由は，生物パート5章のコラムでおはなししましょう．

MEMO

4章

電離平衡・中和：
体のpHを守るために

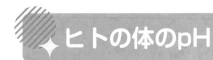 ヒトの体のpH

この章はpHを理解するためのもの．pHというのは，酸性度合い，アルカリ性度合いを示すものです．

小学校や中学校の実験で，液体をつけると色が変わる紙があったことを思い出してください．色が変わる紙はリトマス試験紙．青色リトマス紙を紫や赤に変える液体が「酸性」，赤色リトマス紙を紫や青に変える液体が「アルカリ性」でしたね．これからのおはなしは，酸性とアルカリ性について，もう少し理解を深めるためのものです．

では，どうしてpHを理解しなくちゃいけないのでしょうか．実は，ヒトの細胞が元気に生きていられるpHの幅は，結構狭いんです．大事なことなので，先に数字だけ説明しちゃいますね．

ヒトの血液のpH

ヒトの血液の正常域はpH 7.35〜pH 7.45．これはpH 7.40±0.05とも示されますね．たったpH 0.1の幅を外れると，細胞にとっては異常状態のスタート．あまりに正常域から外れてしまうと，細胞は死んでしまい，ヒトは生きていけません．だからpHについて，ある程度までは理解しておく必要があるのです．

> ヒトの血液のpH
>
> 7.35 〜 7.45

大事だから，
必ず覚えてね！

✦ 電離平衡

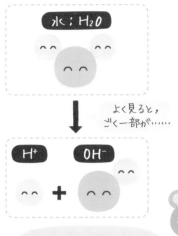

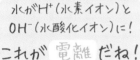

水がH⁺（水素イオン）と
OH⁻（水酸化イオン）に！
これが 電離 だね！

pHの理解のためには，電離平衡のおはなしからはじめましょう．大前提は，水分子はH₂Oというところからです．水は，この水分子（水の粒）がたくさん集まったもので，一定の温度のもとでは一定の範囲内を自由に動き回れる…ここまではいいですね．そのうえで，よくみると，H₂Oの粒の中に，水素イオン（H⁺）と水酸化イオン（OH⁻）というさらに別の粒があることがわかりました．

水分子はH₂Oで安定しているかと思いきや，実はごく少数のH⁺とOH⁻がいたのです！ どれくらい少ないかというと，水の粒10^7（＝10,000,000）個，つまり1,000万個のうち1個のH₂OがH⁺とOH⁻に分かれているくらいです．

H₂OがH⁺とOH⁻に分かれていることを，「電離」とよびます．プラスイオンとマイナスイオンに分かれるものは「電離」．プラスイオンとマイナスイオンが出てこないものは「解離」です．

おはなしを水の電離に戻しましょう．水の電離について調べていたある研究者は，ある日「水の粒（H₂O）とH⁺とOH⁻は，一定の関係でつり合いを保っているらしいぞ」と気付きました．これを「H₂O⇔H⁺＋OH⁻」と表します．水がつり合っている（平衡）状態なので，「水の平衡状態」ですね．

さらに研究を進めたところ，25℃では水素イオンの濃度（[H⁺]）と水酸化イオンの濃度（[OH⁻]）は，水1ℓ中に$1×10^{-7}$モルしかないこともわかりました．式で表すと次のようになります．

$$[H^+] = [OH^-] = 1.0 \times 10^{-7}$$

そのうえで，Kwという水が電離している度合いを示す係数は次のように書きますよ．

$$Kw = [H^+][OH^-] = 1.0 \times 10^{-14}$$

◆ 電離度

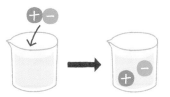

どれくらい水中で＋と－に分かれるかが，電離度だね

電離度という言葉もあります．電離度とは，「水以外のものが水に入ったとき，どれだけプラスとマイナスに分かれるかを示したもの」です．よく例に出てくるお酢（酢酸：CH_3COOH）は，電離度をα（アルファ）として$\alpha=0.01$です．これは「お酢を水の中に入れると，1％（1/100）のお酢の粒がCH_3COO^-とH^+に分かれるよ．99％（99/100）はお酢の粒のままだよ」ということです．

◆ 酸とアルカリ

水よりも

H^+が 濃いなら酸性

H^+が 薄いなら アルカリ性

難しくないでしょ？

ヒト血液	H^+濃度は
PH 7.35〜7.45	$= 1 \times 10^{-7.35 \sim -7.45}$ 〔モル/L〕
水	H^+濃度は
PH 7	$= 1 \times 10^{-7}$ 〔モル/L〕

ヒト血液は水よりH^+が
薄いよね！
弱アルカリ性 だ！

「じゃあ，酸性とアルカリ性って何なのさ」というおはなしですが…かつては「水に溶けてH^+を出したら酸性，OH^-を出したらアルカリ性」というシンプルなものでした．それからたくさんの定め方（定義）がされましたが…看護の世界ではもっと簡単にいきましょう．「H^+の濃度が水より濃いなら，酸性．薄いなら，アルカリ性」で十分です．

実際，酸性度合いとアルカリ性度合いを示す「pH」という数値は，H^+の濃度の対数をとってその数字の部分をとったもの．正しくはpH＝－log$[H^+]$という式ですが…．ここも「pHはH^+の濃度によって決まる！10を何回掛けたのかを示す，指数の部分（マイナスの部分）がpHだ！」これでオッケーですよ．

ここまでわかったうえでお酢と血液についてもう1回みてみましょう．

ヒトの血液の正常pHは7.40±0.05でしたね．7よりもpHの数字が大きいということは…H^+の濃度が，水よりも薄いということです．水は$[H^+]$＝10^{-7}モル/L．血液は$[H^+]$＝$10^{-7.4}$モル/Lですね．「数字が大きいからH^+濃度が濃い！」なんて思っちゃだめですよ．指数にマイナスが付いていますから，数字が大きいほど実際は「小さな数」です．10^{-2}mは0.01m＝1cm，10^{-3}mは0.001m＝1mmですからね！

お酢は濃さにもよりますが，およそpH3．こちらは水よりH^+濃度が濃くなります．その理由は，水の中で電離しているから．粒の100個に1個しか電離しなくても（$\alpha=0.01$），溶液全体をみれば結構H^+濃度が上がって，酸性になることがわかってきましたね．

ちょっとだけ詳しいpHのおはなし

酸性度合い，アルカリ性度合いを示す「pH」が示しているものは，「1リットル中に水素イオン（$[H^+]$）がどれくらいあるのか」です．先程確認したように「水素イオンは水分子10^7個中に1個」とごくわずか（小さい数）しか含まれていませんでした．

そこで，小さい数を示すときにも便利な指数の出番です．「1リットル中に1.0×10^{-7}モルある」という形なら，間違いなく書き表すことができそうですね．この指数部分（上の例なら7）が，「pH」の値になります．「1リットル中に1.0×10^{-7}モルある」なら「pH＝7」です．

なお，多くの教科書には「pH＝$-\log [H^+]$」と書いてあります．「log」というのは対数（正確には「自然対数」）．ある数が10の指数（＝10^n）の形になるとき，「nは10の対数」とよんで「n＝log（ある数）」と書く，数学上の決まり事です．

具体的に確認します．ある数が100だったとしましょう．「$100＝10^2$」ですね．この場合，対数というのは「$2＝\log 10^2$」のことです．指数を知っているみなさんにとっては，「なーんだ！対数（自然対数）って，10の指数の部分のことなんだ！」ですね．だからこの先「対数」の文字をみつけたら，「10の指数の部分！」と思ってくれれば難しいことはありませんよ．

しかも看護師国家試験には「対数」の問題は出てきませんから，何も心配する必要はありませんからね！

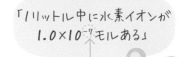

「1リットル中に水素イオンが 1.0×10^{-7} モルある」

ここが pHの値だ！

対数（log）の文字が出てきても，指数がわかっていれば難しくないよ！

ヒトのpH：血液以外の大事なところ

続いて，血液以外にも覚えておくと便利なヒトのpHについておはなししますよ．酸性の代表「胃液」と，アルカリ性の代表「膵液・腸液」です．

💡 胃液（酸性），膵液・腸液（アルカリ性）

きっつい酸だ！

胃酸 ＝ PH 1～2

膵液 ＝ PH 8～9
（＋腸液）

混ぜてPH7 くらいに！

これが 体の中での 中和！

胃液は胃酸ともよばれるpH1～2の液体．理科で強酸の例として使われる塩酸（HCl）とほぼ同じです．なぜこんな強烈な酸がここに使われているのかというと，口から入ってきた異物（細菌やウイルスといった侵入者）を殺すためです．これ，ヒトの細胞にも有効なので，胃の中のものが消化管をそのまま流れると消化管の細胞が次々に死んでしまいます．それでは困るので，十二指腸で膵液と混ぜ，さらに腸液と混ぜて中和していく必要があります．

本来，中和というのは「pHをぴったり7にすること」なのですが，体の中のおはなしでは「だいたい中性付近にもっていく」ぐらいのイメージで十分です．「H^+の濃い胃液とH^+の薄い膵液・腸液を混ぜて，水に近いぐらいのH^+濃度にする」ことだと理解できれば大成功です．

皮膚表面（弱酸性）

あとは，皮膚表面が弱酸性な理由も追加しましょう．皮膚に出る油（脂肪酸）が酸化すると，皮膚表面のpHは酸性に傾きます．こうすれば，皮膚があることで体の中に入れない細菌等が，足止めをされている皮膚の上で増えることを防げるのです．酸やアルカリの強弱は，どれだけ中性（pH7）からかけ離れているかで決まります．理科（化学）の世界ではもう少し複雑なおはなしがありますが，みなさんは気にしなくていいですよ．

◆ 二酸化炭素とpH

二酸化炭素，肺，pHの関係

シュワシュワの泡は
二酸化炭素のせい！

二酸化炭素を
体の外に出すのは
肺の仕事！

肺

肺原因で血液のPHが
傾いたら，呼吸性！

あとは，ヒトの体内のpHに関係して，覚えておくと便利なのが二酸化炭素（CO_2）です．細かいことはさておき，覚えておくことは「二酸化炭素は水に溶けると酸性！」です．ここで炭酸飲料を思い出してくださいね．あのシュワシュワ感は，溶けていた二酸化炭素の泡（気体）です．炭酸飲料をリトマス紙につけると，赤く変わります（酸性を示します）よ．

肺は，二酸化炭素を「ぎゅうぎゅう，すかすか」で交換するところでしたね．血液は水分が多く含まれますから「水」と考えると…肺の二酸化炭素交換ペースが下がると血液は酸性に傾き，交換ペースが上がると血液がアルカリ性に傾きます．このように肺が原因で血液が酸性に傾くのが「呼吸性アシドーシス」，アルカリ性に傾くのが「呼吸性アルカローシス」です．肺が原因で血液のpHが傾くときは「呼吸性」の語が付きますよ．

なお，肺以外の原因で血液のpHが傾くときは，「代謝性」の語が付きます．代謝性アシドーシスは糖尿病・下痢・腎不全，代謝性アルカローシスは嘔吐が代表例です．その詳しい理由は，他の科目で確認してくださいね．

肺，血液のpHの関係

肺は二酸化炭素（CO_2）の排出量で血液のpHをコントロールしていました．細胞から出た二酸化炭素は，血液にのせて肺まで運ばれる必要があります．

いやーん！
血液PH動いちゃうー

そんなときには
赤血球の
炭酸水素緩衝系！

二酸化炭素は水（血液中の水：H_2O）に溶けると，H^+とHCO_3^-に分かれます．細胞から二酸化炭素が出て，いきなり血液に溶けてしまったら肺までの血液がH^+だらけのアシドーシスになってしまいますね．それは困るので，酸素を運ぶ赤血球は片手間で二酸化炭素をひょいと取り込み，血液中の水とくっつけて炭酸（H_2CO_3）にしてしまいます．これなら，H^+が出てきませんから血液のpHは動かずに済みますね．

赤血球は「肺に二酸化炭素を届けるまで血液のpHが急変しないように」してくれているのです．このようにpHの急変を防ぐシステムを緩衝系といいます．いろいろありますが，赤血球が炭酸を使って守る「赤血球の炭酸水素緩衝系」をまずは覚えましょう．わざわざこんなことをしてまで守らなきゃいけない血液のpHの重要性，わかってくれましたよね！

MEMO

腎臓と人工透析のおはなし

pHを守る重要性がわかってもらえたところで，透析についておはなしします．化学の世界の一般的な「透析」は，粒の大きさと浸透圧（ぎゅうぎゅう，すかすか）を利用して溶質（溶けているものの粒）を移動させることを指します．でも，ここでおはなしする透析は，ヒトの腎臓がおかしくなったときにその代わりをする「人工透析」です．

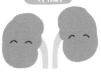

老廃物を捨てて，pHを守るよ！

カリウムイオン（K+）と水素イオン（H+）の適度な交換！

〈腎臓〉

先に，ヒト体内のpHの調節を肺と赤血球がしてくれているおはなしをしましたね．肺以外の原因でpHが傾くときには「代謝性」の文字が頭に付きますが…．この「代謝性」に大きく関わってくるのが腎臓です．腎臓の働きは血液中の老廃物（ゴミ）をこしとり，尿として体外に排出すること．それに加えて，カリウムイオン（K+）と水素イオン（H+）を適度に交換することで，血液のpHも調節しています．必要に応じて重炭酸イオン（HCO_3^-）を体外に出す量も調節できますから，融通が利く，けっこう便利なところなのです．ただし，一度おかしくなってしまうと取り返しがつきません．腎臓がおかしくなってしまったら，老廃物（ゴミ）を尿として捨てられなくなってしまいます．そのままではヒトは死んでしまうので…人工透析の出番です．

〈人工透析〉

人工透析はヒトの血液中に流れている老廃物（ゴミ）を，粒の大きさと浸透圧を利用し，体外に取り出すための装置です．血液を体外の機械へと運ぶ管に通し，ちょうどいい浸透圧の透析液と，ちょうどいい穴の開いている半透膜（水や穴より小さい粒だけを通す膜）を準備し，「ぎゅうぎゅう，すかすか」の力で水の中に溶けている老廃物だけを透析液に移動させていきます．腎臓には大動脈から太い直行便の血管が出ていましたので，たくさんの血液を一気

に流すことができました．

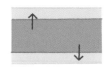

腎臓
（糸球体と
ボーマン嚢）

人工透析

糸球体 と ボーマン嚢 の代わりをするんだね！

でも，人工透析は腕の血管から機械に血液を通すしかありません．だから，1度の透析に数時間かかります．その間，機械のそばにずーっといなければいけません．しかもこの治療法は週に3～4度の頻度で行われることが一般的です．

さらに，これだけでは「血液のpH調節」ができていません．先の流れに加えて，血液を体に戻すときにpHを調節し，半透膜を抜けてしまった水分を適度に体に戻して…はい，すっごく大変です．

とどめに，ここではおはなしできませんが，腎臓は赤血球やビタミンにとって大事な働きもしています．他の科目で「腎臓」の文字が出てきたら，「あっ！ pH調節して，ゴミ捨てて，それから，それから…」と心して読んでください．それくらい，ヒトの体は絶妙なバランスを取りながら生きているのです．

ゴミ捨ても，pHも，赤血球にも，ビタミンも！

すごいね！

酸性食品・アルカリ性食品のおはなし

体（血液）のpH維持が大事だということがわかりましたね。でも，こんなことを考えた人はいませんか？「梅干しは酸？…あんまり食べちゃいけないのかな？」

梅干しって「酸」？
食べちゃダメなの？

ちょっと待ってください。

口から食べたものは体（血液）のpHを変動させませんよ。口から食べたものは，消化され，小腸で吸収されます。胃では胃酸が出ていて，食べ物の塊は酸性になっています。これがそのまま小腸に流れ込むと吸収担当の上皮細胞が傷んでしまいます。

だからアルカリ性の膵液が十二指腸に出て，食べ物の塊を中性付近のpHにしてから小腸に届けます。「膵液が絶対的に足りない！」なんて非常事態にならないなら，「酸」を食べても体の中は酸性に傾きません。

ここでこんな声が上がるかもしれません。

「ん？『酸性食品は体に悪いからアルカリ性食品を！』ってCMで見たことあるよ？」

「酸性食品とは何か」の説明が必要ですね。酸性食品とは，「食品を燃やし，その後の灰を水に入れたときにpHがいくつになるかを調べたら，pH7より小さい値（酸性）になったよ」というものです。アルカリ性食品はpH7より大きい値を示したものですね。灰を入れた水のpHは，どんなミネラルが含まれているかで決まってきます。塩素，リン，硫黄などが含まれていれば酸性に傾きます。ナトリウムやカルシウムなどが含まれていればアルカリ性に傾きます。

だけど，考えてみてください。

「食品を燃やした後の灰，といいましたが，ヒトの体の中で，食べ物は灰になりますか？」

たとえば，ご飯…糖質（グルコース）はどうでしょう？高校で生物を学んだ人は，口から入った食べ物がどうなるかイメージできますね。生物を履修してこなかった人は，本書の後半部分（生物パート）を読んでみてくださいね。グルコースは小腸で吸収されて血液にのって細胞に届いた後，酸素があれば二酸化炭素と水とATPになります。ATPを作るときに出てきた二酸化炭素が水に溶けて酸性に傾かないように，赤血球が取り込んで肺まで運んでいきますよ。

このように，ヒトの体の中では，そもそも「灰」はできません。それなのに，ご飯の糖質（グルコース）は「酸性食品」にされてしまっているのです。つまり体の中のpHを動かさないのに，「酸性食品」とネーミングされてしまったのですね。

さて，この結果を見て「変なの！」と思いましたか？まさにその通り。「変！」なんです。仮に，「酸性食品は体を酸性に傾けるから食べちゃダメ！」なんてことになると，タンパク質（構成成分であるアミノ酸中に硫黄を含むものがある）は取れません。これでは酵素はじめタンパク質からできるものすべてが作れませんし，ビタミンも不足して大変なことになります。

だけど，ちゃんと化学（や生物・生化学）のおはなしを理解した後じゃないと，「変！」であることにも気付けません。コマーシャル（CM，宣伝）では，関心を引きやすい言葉が使われがちな結果，たとえば名称やその説明が現実と異なってしまうことがしばしばあります。

間違ったり，ごまかされたりしないためには，より深く，客観的に「知る」ことが大事。この化学の学習は，「知る」の土台になるものですよ！

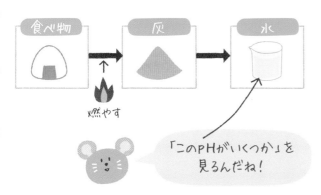

食べ物　　灰　　水

燃やす

「このpHがいくつか」を
見るんだね！

「変なのぉ……」
こう気付けるのは
理解できてきたから！

5章 燃焼熱：化学反応と酸化のおはなし

3章の浸透圧維持のおはなしに続き，4章では「pHを維持することが大事！」というおはなしをしましたね．同様に，体温を維持することは私たちヒトの生存に不可欠です．どうやって体温（熱）を作っているか，考えたことはありますか？

5章は熱の発生についてのおはなし．体温の「コントロール」は，熱の作り方がわかってからのおはなしですよ．

◆発熱反応・吸熱反応

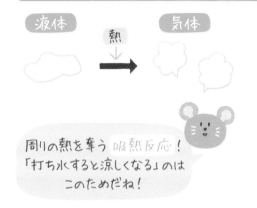

まず，化学の世界では「何か」が起こると熱の出入りが生じます．熱が生まれる（あつくなる）のが発熱反応，熱が奪われる（つめたくなる）のが吸熱反応です．

「何か」を化学の世界では「反応」とよんでいます．4章までにおはなしした相変化1つでも，反応です．水（液体）が気体になるとき周囲の熱を奪いますから，これは吸熱反応ですね．「打ち水をすると涼しくなる」のはこのためです．注射の前のアルコール消毒で「すーっ」とするのも，アルコールが周りの熱を奪って気化した吸熱反応のせいですね．

◆酸化反応

化学反応についておはなしをはじめるとき，あまりにも種類が多いため，ここではそのうちの1つ，「酸化反応」に限定しておはなししますね．酸化の酸は，酸素の酸．すごく簡単にいえば，何かが酸素とくっつく反応が酸化反応です．そして酸素とのくっつき方によっては「燃焼」ともよばれます．

酸素とのくっつき方で分ければ，酸素と穏やかにくっつく反応は「酸化」，酸素と激しくくっつく反応は「燃焼」です．具体例を出すと，金属がさびるのは「酸化」で，火がついて燃えるのは「燃焼」です．

燃焼 激しく！ / 酸化 穏やか……

どちらも酸素とくっつく反応！（ATP作りもね！）

「燃える」の文字からもわかるように，酸化反応は発熱反応．何かと酸素がくっつく（酸化・燃焼）と，光や熱が出ます．光も熱も，エネルギーという意味では仲間．本当は電気も，運動（動くこと）も，高さもエネルギーの仲間ですが，これは物理の学習にお任せしちゃいますよ．

さて，ここで「エネルギー？　細胞のATP？」と思った人，大正解．細胞がATPを取り出すことは，酸化反応です．つまり，5章（と6章）のおはなしは，細胞がATPを取り出すことの基礎でもあるのですね．

では，酸化反応についてもう少しおはなしを続けますよ．あとでグルコース（ブドウ糖）をもとにATPを取り出す細胞の代謝のおはなしにつなげたいので，酸素とくっつくものはグルコースにしましょう．

最初に結論．1モルのグルコース（$C_6H_{12}O_6$）を完全に酸化させると，二酸化炭素（CO_2）と水（H_2O）と熱が出ます．これを化学記号と矢印で表すと次のようになります．

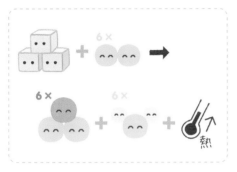

$$C_6H_{12}O_6 + 6O_2 \rightarrow 6CO_2 + 6H_2O + (熱)$$

矢印のもとの方（左側）がくっつく前の状態，先の方（右側）がくっついた後の状態です．

4章の「平衡」では両方向矢印（⇔）でしたが，ここでの化学反応を示した式（化学反応式）は一方通行（→）ですね．化学反応式のお約束は，左右の水素（H），炭素（C），酸素（O）の数が同じになること．ちゃんと，それぞれの個数が左右で合っていることを，数えて確認してください．

これがグルコースの酸化！

酸化反応に必要なもの：加熱

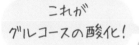

ここの矢印のためには粒を元気にするための加熱が必要！

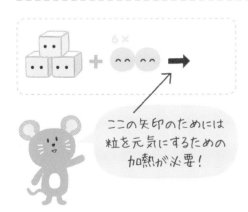

結論が終わったので，この式についてもう少し説明しますよ．この式だけみると，ブドウ糖と酸素さえあればいつでも水と二酸化炭素と熱ができそうですが…．現実には，そんなことはありません．実は，矢印の左から右に向かうには加熱が必要です．もちろん，混ぜたら急に反応が進むものもありますよ．でも，一般的に化学反応が進むには，途中に加熱が必要です．カイロ（使い捨てカイロ）は混ぜるだけで温かくなるって？　確かにカイロも鉄（Fe）の粉の酸化反応（発熱反応）です．だけど，カイロの袋の中に入っているのは鉄の粉だけではありません．ここについては6章の「触媒」でおはなししますね．

なぜ反応が進むためには加熱が必要なのか．それは，粒同士が元気な状態にないと他の物に変化しないためです．相変化のところで，粒の活動性と温度についておはなししました．寒いから動きたくない固体，多少元気になった液体，元気すぎて国外に脱出してしまった気体…あのおはなしです．寒いときに他の粒が近くに来ても，何もしたくありませんね．国外脱出中に他の粒が近くに来たら，知らない粒にでも気軽に話しかけられそうです．粒が元気でないと，化学反応（粒の性質変化）は起きません．粒を元気にするのは，温度…つまり「熱」なのです．

💡 酸化反応で出てくる「熱」

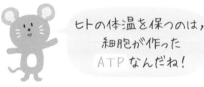

ヒトの体温を保つのは，細胞が作ったATPなんだね！

　出てくる「熱」についてのおはなしに移ります．結論の式では簡単に「熱」と書きましたが，実際に出てくるのはエネルギーで，その一番わかりやすい形が「熱」です．そしてこれは，細胞単位でみたときのATP（＝エネルギー）であり，個体（ヒト）レベルの体温（＝熱）になります．

　「基礎代謝」という言葉を耳にしたことはありますか？　これは，ヒトが横たわっている（最もエネルギーを使わない）状態で，一日に消費するエネルギーの最低量です．基礎代謝は，成人男性では約1,500kcal，成人女性では約1,200kcal．これらエネルギーの半分以上は，体温維持のために使われています．グルコース（を含む各種栄養）の化学反応で出たエネルギーの半分以上が，体温になっているのですね．

　「カロリー（cal）」に1,000倍の意味の接頭語「キロ（k）」のついたキロカロリー（kcal）という単位が出てきました．ここについてはちょっと細かいおはなしがあるので，コラムを読んでください．今は「エネルギー（熱量）の単位だ！」でいいですよ．

　では，先ほどの式に，酸化反応で出てくる熱を入れてみましょう．

$$C_6H_{12}O_6 + 6O_2 = 6CO_2 + 6H_2O + 2820kJ$$

　このように，熱の出入りにまで目を向けた式は，熱化学方程式といいます．この式が表していることは次の内容です．

　「小腸からグルコース１モル（180g）を吸収して，肺から酸素６モル（22.4L×6＝134.4L）を体内に取り入れた．全部酸素とグルコースを結合させると，2,820kJの熱が出るぞ．水も６モル（18g×6＝108g）と二酸化炭素も６モル（22.4L×6＝134.4L）できるから，水は腎臓で尿にして，二酸化炭素は肺から体の外に出そう．さらに，全部の酸素とグルコースを結合させると，2,820kJ（キロジュール）の熱が出るぞ．熱

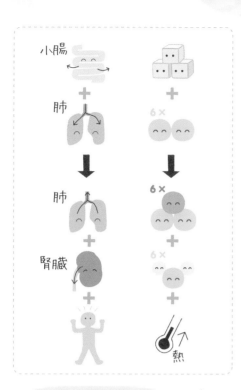

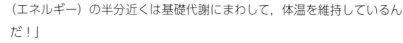

なるほどね!
化学って、ヒトの体と
こんなふうにつながってるんだ!

（エネルギー）の半分近くは基礎代謝にまわして，体温を維持しているんだ！」

味気なかった１行の熱化学方程式が，だいぶ親しみやすい存在になったのでは？　この反応で，熱と二酸化炭素だけではなく，水も出てくることに注意です．この水は「代謝水」といって，後々「人体に出入りする水の総量：水分量の維持」で大事になってきますので，ちゃんと頭の片隅に入れておいてくださいね．

式の中に登場した「kJ」とは，熱を表すために使われているkJ（キロジュール）といいます．「これって，何キロカロリーなの？」と思うでしょう．単位が違うと，関係がわかりにくくて困りますね．細かいおはなしはコラムにゆずって結論だけいうと，１カロリー（cal）が4.184ジュール（J）．このため，１キロカロリー（kcal）は4,184ジュール（J）になります．基礎代謝（男性約1,500kcal，女性約1,200kcal）で考えるならば，男性は6,276kJが必要になり，女性は5,021kJが必要になります．先ほど確認したように，グルコース１モル（180g）で出る2,820kJは約678kcalになります．「生きる」ためにはどれだけたくさんのエネルギーが必要になるか「なんとなく」でもわかってほしいものなのです．

もちろん，これらのエネルギーすべてが熱になるわけではありません．各所の筋肉を収縮させ，脳はじめ神経細胞が情報伝達をするにもエネルギーが必要です．これらの活動なくして生命が維持できないことは，基礎生物はじめ，各所で学ぶことになるはずです．だから，「ヒトが生きるためにはたくさんのエネルギーを必要として，最低限必要な基礎代謝の半分近くは体温を維持するために使われる．残りのエネルギーも，pHはじめ恒常性維持のために必要不可欠なんだ…」ここまでわかってくれたら，上々です！

筋収縮！

神経細胞の
情報伝達！

生きるためには，
たくさんの
エネルギーが必要

細胞とヒトの代謝のおはなし

「キロカロリー（kcal）」のおはなしをしたので，ヒトと細胞の代謝についてもう少しおはなししましょう．

私たちが普段目にするエネルギーの単位はカロリー（cal）ですね．もともとは「水1gを1気圧のもとで1℃上げるのに必要な熱が1カロリー」でしたが，何度の水を1℃上げるかで変わってしまう困りものだったのです．だから，今ではジュール（J）という単位を軸にして，「1カロリーは4.184ジュール」と決められています．ただ，体内の栄養・代謝関係についてはカロリーが主な単位として使われています．一応「1カロリーは，1gの水を1℃上げる」熱だとイメージしてくださいね．これが「ヒト（個体）」レベルでの代謝の単位です．

これが1カロリーの
考え方のベース！

（ 1カロリーは
4.184ジュール（J）！ ）

かたや，細胞レベルでの代謝の単位はATPですね．グルコース1個（1分子）からできるATPは，酸素が十分にあれば36（もしくは38）ATP．ATPからエネルギーを取り出す方法にはいろいろありますが，ここでは3つあるリン酸が1つ外れてADPになるときを例にとって考えましょう．アデノシン「3」リン酸（ATP）から，アデノシン「2」リン酸（ADP）になるときの変化です．

1ATP→1ADPのとき，7.3kcal/モルのエネルギーが生まれます．そうだとすると，グルコース1モルからできるエネルギーは36ATPに7.3kcal/モルをかけた262.8kcal/モルですね．

グルコースの1モルは180g．だから1gのグルコースは1/180モルになります．よって，1gのグルコース（糖質）からできるエネルギーは，次のようになります．

262.8kcal/モル×1/180（モル）＝1.46kcal

（グルコース）
糖
1g

1gのグルコースから
出るのは
1.46キロカロリー

ここでこう思った人がいるかも．

「あれ？『糖質は1gで4kcal』って見た気がするけど…計算ミスしたかな？」

計算ミスではありませんよ．それはアトウォーター係数．「糖質とタンパク質は1gあたり4kcal，脂質は1gあたり9kcal」ですね．アトウォーター係数とのずれについて確認する前に，ざっくりと脂質の計算もしてみましょう．脂質は種類がたくさんありすぎてどれを選んでいいか決めるのが大変ですが…．ここではグリセロールにパルミチン酸が3個付いた中性脂肪を例にとりますよ．

中性脂肪は，グリセロールというハンガーに，脂肪酸のベルトが3本付いたもの．この中性脂肪は$C_{51}H_{98}O_6$で，分子量807です．脂肪酸が変われば，当然組成も分子量も変わりますからね．そして計算をできるだけ単純にするために，ATPに代わるのは脂肪酸だけだということにしてみましょう．

パルミチン酸1個から，β酸化，アセチルCoA産生サイクル，呼吸鎖を経て129ATPができます．これが3本ありますから，3倍の387ATPができるはずです．1gの中性脂肪（脂質）は，ここでは1/807モルですから…計算は次のようになります．

387ATP×7.3kcal/モル×1/807（モル）＝3.501kcal

（パルミチン酸）
脂質
1g → 🌡️↗

1gの脂質
（中性脂肪でパルミチン酸3本）から
出るのは 3.501キロカロリー……

計算はここまで．糖質と脂質，1gからどれくらいの
ATPができるかわかりましたね．

「だけどやっぱりアトウォーター係数からはかけ離れて
いる？」こう気になっている人，きっといるはずですね．
実は，アトウォーター係数はATPが発見される前に，「単
なる『燃焼』でできる熱」を計測したものです．「燃焼」
とは，火をつけて燃やすこと．でも，私たちの体の中で起
こっていることは，「燃焼」ではありません．

だってアトウォーター係数は
「燃焼」で出た熱だもんね

さらに，燃焼は1段階だけのシンプルな反応です．だか
ら「単なる」燃焼という表現をしました．かたや私たちの
体の中の反応は多段階式です．反応が多段階になればなる
ほど，途中で周りに逃げていくエネルギーが増えていきま
す．私たちが計算問題を解いていても，量が多いほどケア
レスミス（うっかりミス）が増えますよね．糖質でも大き
く3つの段階を経てATPができていました．解糖系，TCA
サイクル，呼吸鎖でしたね．それぞれの段階の中にも，
もっと細かい反応が詰まっています．

ちなみに，現在の火力発電所の発電効率は約41％．多
段階反応を使っている以上，これでも無駄の少ないエネル
ギー化がされている方です．この火力発電所の効率は，実
は細胞のエネルギー効率とほぼ同じで，「ミトコンドリア
が細胞内火力発電所」といわれます．その理由の1つは，
ここにもあったのですね．

だから，ATPから計算した数値と，アトウォーター係
数はずれていて当然です．便利な係数なので使われ続けて
いますが…「ずれている」ということと「ずれの理由」は
覚えておいてくださいね．

化学反応を進める要素・もの：熱，濃度，触媒

化学の世界の反応は，
「熱く」「濃く」「触媒」で進むよ！

「どんなときに化学反応は進みますか」がテーマの章です．一般的な化学の世界では，「熱く，濃く，触媒」で化学反応が進むようになります．

まず「熱く」です．これは5章でおはなしした「加熱」のことですね．基本的に，温度が上がれば上がるほど化学反応は進みます．次に「濃く」です．これは，濃度が濃いほど化学反応は進みます．同じ温度でも0.1モルと1モルなら，1モルの方が化学反応は進んでいきます．これは何となくイメージしやすくていいですね．

では，最後の「触媒」とは何でしょうか．

💡 触媒

カイロの中に入っているのは
鉄と酸素だけじゃないね

触媒とは「自分自身は変化しないけど，あると反応を進ませるもの」です．

5章でのカイロのおはなしを思い出してください．「鉄（と酸素）だけではない」といいましたよね．カイロの中に入っている塩類（「〜塩」）は，自分は変化しないのに，鉄の酸化反応を早める働きがあります．これが触媒です．カイロの中には水も入っていて，これも鉄が酸化することを早めますが，こちらは自分自身が変化してしまうため，触媒とはいえません．なお，カイロの化学反応式は$4Fe + 3O_2 + 6H_2O = 4Fe(OH)_3 + 384 kcal$ですよ．

一般的な化学や生物の教科書で出てくる触媒の例は，オキシドール（過酸化水素水：H_2O_2）と二酸化マンガン（MnO_2）の反応ですね．オキシドールだけでも少しずつ酸素の泡が出てきますが，二酸化マンガンをその中に入れると激しく泡が立ち上ります．これは二酸化マンガンが触媒となって，$2H_2O_2 \rightarrow 2H_2O + O_2$の反応が急に進むようになったからです．以上，化学反応を進ませるには「熱く，濃く，触媒！」でした．

✦ 体内の化学反応を進めるもの：酵素

37～38℃で化学反応を
進めるために「酵素」が重要だ！

ここでヒトの体の中を見てみましょう．ヒトの体温は深部温（表面ではなく，体の奥の温度）で37～38℃．いくら化学反応を進めたくても，これより温度を上げてしまっては「体温維持」ができません．

でも，ご安心あれ．ヒトの体内では「ヒトの体内温度が最高効率を出せる」秘密があります．それが「酵素」です．酵素にはいろいろな種類がありますが，ヒトの酵素はヒトの体内深部温度が最適温度になっています．触媒との違いは，温度をただ上げればよいということではないこと．反応は促進しますが，働ける環境（ここでは温度）に限定があるのが酵素です．

酵素には得意なpHもあります．原則として「その酵素が働くところが，酵素の最適pH」です．その例として，一番わかりやすいのがタンパク質の消化酵素です．タンパク質の消化酵素の中には，胃で働くペプシンと十二指腸から小腸で働くトリプシンがあります．胃は，4章の「pH」のところでおはなししたように強い酸性の胃液が出ますね．そこで一番働ける（最大効率が出せる）ようになっているのが，ペプシンです．トリプシンは膵臓で作られ，弱アルカリ性の膵液と一緒に出ます．その弱アルカリ性環境で最大効率が出るのが，トリプシンです．

では，そんな酵素が何からできているかというと主成分はタンパク質です．タンパク質以外の補酵素も必要になることが多い等々については，他の科目で学んでくださいね．

💡 酵素と「熱さ」

酵素はタンパク質……
だから高温じゃ，
逆に働かないんだ！

タンパク質の働きは，その立体構造によって決まります．この立体構造は高温（およそ65℃以上）で変わり，当然，働きも変わってきてしまいます．化学の世界の「反応を進めるためには熱く！」は，酵素には当てはまらないのです．

でも，「熱く」しなくともちゃんと体の中で化学反応は進みます．これはATPのおかげです．ATPがADPになるときにエネルギーが出ることは，5章でおはなししましたね．このエネルギーで反応を進めたいものの粒を元気にして，反応が進みやすい状態にしているのです．反応を進ませるので，化学の世界の触媒のようなものですね．

酵素

体内深部温で
ちょうど最適！！
フルパワー！

先ほど，触媒の例で過酸化水素水（H_2O_2）と二酸化マンガン（MnO_2）の例を出しました．レバー（肝臓）を過酸化水素水に入れても，激しく泡が出ます．これはレバー（肝臓）の中に含まれるカタラーゼという酵素があの反応（$2H_2O_2 \rightarrow 2H_2O + O_2$）を促進しているからです．ヒトの体内の化学反応は，「酵素」で進むことがわかりますね．

💡 酵素と「濃さ」

ヒトの体内は
恒常性（ホメオスタシス）
（残念ながら「濃すぎ」は
よろしくない……）

あれ…「濃く」はどこへ？　行方不明？

ヒトの体の中は一定の状態に保たなければならないものがたくさんありましたね．pHも，浸透圧も，体温もそうです．ヒトの体の中にあるものの多くは，「濃すぎもせず，薄すぎもせず」が一番いい状態なのです．

このため，「反応を進めたいから，（体内の特定のものを）濃くしよう！」というやり方はできません．だから，ヒトの体の中の反応では「濃く」が抜けてしまうのです．ATPのもととして代表的なグルコースですら，体内濃度が濃すぎては病気の原因になってしまいますよ！

✦ 体の中の化学反応（その他）

ここまでは理解を深めやすくするために，化学反応のうち酸化反応に限定しておはなししてきました．でも，酸化反応だけが化学反応ではありません．多種多様な化学反応がありますが，ヒトの体内で起こる反応を簡単に紹介しますね．

💡 還元反応

酸素をくっつける ＝ 酸化

酸素を取り去る ＝ 還元

「還元反応」とは，酸素と何かがくっついたときにそこから酸素を取り去る反応のことです．くっつける「酸化」と取り去る「還元」は，セットで出てくることが多いですね．

難しくないね！

💡 転移反応

「転移反応」とは，ある部分を他のものに移し替える反応のことです．移し替える部分によって「アミノ基転移反応」とか「リン酸転移反応」と名前が変わります．

💡 加水分解反応

「加水分解反応」とは，水を加えて（加水）分解する反応のことです．何を分解するかによって，これまた名前が変わります．ここでは「糖の間の結合（グリコシド結合）やタンパク質の間の結合（ペプチド結合）が加水分解の対象なんだー」と思ってくれればいいですよ．

💡 酸化・還元・加水分解・転移の例

酸化，還元，加水分解，転移だけではなく，体の中ではもっとたくさんの種類の化学反応が進んでいます．これらの具体例をみてみましょう．

酸化は
オキシダーゼ

還元は
レダクターゼ

ペアになって
働いているよ

酸化・還元

まず，酸化酵素は「オキシダーゼ」とまとめられることもあります．酸素が「oxygen（オキシジェン）」だからですね．その代表は糖（や脂質・タンパク質）からATPを作るときに必要なチトクロム酸化酵素．先ほど出てきた，過酸化水素水の反応を促進させるカタラーゼも，酸化酵素の一員です．

次に，還元酵素は「レダクターゼ」とまとめられます．酸化酵素と同じところで（ペアになって）働くことが多いですね．酸化酵素ほど，個別に取り上げられることは多くありません．だから「還元」が「酸化」の逆であることを忘れなければ，それでオーケーです．

加水分解

そして，加水分解酵素は「ヒドラーゼ」とまとめられます．水が分解してできたヒドロキシル基（OH⁻）を思い出してください．ここにはとても多くの酵素が含まれます．その中でも覚えておいて欲しいのが「〜結合」を切る酵素．糖のグリコシド結合を切る例がアミラーゼ，タンパク質のペプチド結合を切る例がペプシン，脂質（中性脂肪）のエステル結合を切る例がホスファターゼ…などです．大きなものを吸収できるサイズまで分解する消化酵素は，加水分解酵素が多いですよ．

加水分解はヒドラーゼ！
消化酵素に多いんだ！

転移

　最後の転移酵素は「トランスフェラーゼ」とまとめますよ. ここにもたくさんの酵素が含まれています. 先に名前を出したアミノ基転移酵素の例は, アスパラギン酸アミノトランスフェラーゼ（AST）とアラニンアミノトランスフェラーゼ（ALT）です.「アミノトランス」が「アミノ基転移」の意味ですね. どちらも, 逸脱酵素の代表格です.

　逸脱酵素というのは, 酵素を含んだ細胞が壊れたせいで血液中に出てきてしまった酵素のこと. 細胞が壊れるレベルの, 何かよろしくないことが起こっているサインです. 特定の酵素は含まれる臓器が決まっているので, どこでよろしくないことが起こっているかの目安がつきますよ.

　ASTは脳, 心臓, 肝臓, 筋肉の4か所にいるので「どこか」を絞りにくいのですが, ALTは主に肝臓にいます. ASTとALTの両方が血液中に出ていたら「肝臓の細胞が壊れた！」ですね.

　これまた先ほど名前を出したリン酸転移酵素のCK（クレアチンキナーゼ）も逸脱酵素です. こちらは骨と心臓と脳にいます. 少し細かく「サブタイプ」というものまで調べることができれば, どこの細胞が壊れたのか絞り込むことができますよ.

＊

　以上, 具体例でたくさんの酵素の名前が出てきました. おそらく, これからずーっとお世話になる酵素たちです. 早めにその名前に慣れて, 仲良くなってくださいね.

細胞の中にあったけど
細胞がこわれて外に出ちゃった……
これが 逸脱酵素！

いろいろな酵素がいるんだ！

仲良くしようね！

使い捨てカイロの少し詳しいおはなし

本文で出てきた使い捨てカイロのおはなしが途中になっていましたね.

使い捨てカイロの中に入っているのは鉄の粉. あとは空気中の酸素…だけでは化学反応が進みません. 水と触媒が必要でしたね.

そこでよく成分表示を見てみると「～塩」「活性炭」「バーミキュライト」の文字が見つかるはずです. 先に,「～塩」が触媒になることについては説明しました. ここでは, 残り2つの紹介です.

カイロの中身を
ちょっとくわしく!

〈活性炭〉

まず, 活性炭は, 炭（すみ）です. 冷蔵庫等の脱臭剤に使われる, アレですね. でも, なぜ炭に脱臭効果があるのか考えたことがありますか？ 匂い（臭い）とは, 揮発成分. 気体になって鼻の粘膜に届くから, 匂いがわかるのです. だから鼻の粘膜に届かないように何かにくっついてしまえば, 匂わなくなります. そこで炭の小さな凸凹の出番. 炭にはごく小さな穴（微孔）が開いています. 炭が軽いのは穴だらけだからです. 穴が開いているということは, それだけ表面積が広がるということ. 小腸の上皮細胞は表面積を増やすために絨毛で凸凹を増やしていましたね. 炭も内側に向けた凸凹（微孔）があるため, 見た目以上の表面積がありますよ. 炭の表面に匂い成分が付くと,「吸着（吸いつけられること）」します. これは微孔の毛管現象のせいです. ティッシュペーパーに水がしみ込んでいくのと同じ原理ですね. 吸いつけられてしまったら, もう気体として飛んでいけません. 鼻の粘膜に届かなくなるので「匂いがなくなる」のです. 普段は炭の微孔には空気（酸素）が入っていますよ.

炭

小さい穴に
吸いつける「吸着」!
これで匂いは鼻まで
届かない

〈バーミキュライト〉

同じように微孔だらけなのがバーミキュライト. 鉱物の一種ですが, 化学式は複雑すぎるので省略します. 園芸用の土としてホームセンターに並んでいるはずです. こちらも内側に向けて凸凹がたくさんあります. そこに入っているのは水. 水は凹んだところに入っているため, 触っても水っぽさは感じません. 使い捨てカイロの内側に水があっても, 水っぽく感じないのはこのためです.

バーミキュライト

ぼくも穴だらけー!
水が入るんだよー!

だから保水できる
「園芸用の土」なんだ!

*

これで, 使い捨てカイロの袋の中に鉄と水と酸素と触媒がそろいました. あとは振ることで, 鉄にくっつく酸素と水を増やせば触媒の働きで反応が進んで熱が出ます. 一度熱が出れば, 反応速度はどんどん上がりますね. カイロが温かくなるのは, このためです.

鉄　炭　バーミキュライト　触媒
Fe ＋ 　 ＋ 　 ＋ 塩
↑　　　↑
酸素　　水

これでカイロが
あたたかくなる!
（化学反応 → 熱）

反応が終わってしまったら，鉄は酸化鉄になってしまい，もとには戻りません．いくら酸素と水分があっても，もう温かくはなりませんね．でも，別の形で再利用はできますよ．カイロの袋の中身に，微孔いっぱいの活性炭とバーミキュライトがありましたね．脱臭・湿気取りとしてリサイクルしてあげましょう．微孔に水分が入れば湿気取り，揮発性の匂い成分が入れば脱臭．冬に使った使い捨てカイロは，雪国ならそのまま収納の湿気取りのお手伝い．それ以外の地域なら梅雨の湿気取りに使えます．

使い捨てカイロで温まり化学の学習に使ったあとは，ぜひ捨てる前に第二の人生（？）をおくらせてあげてください．

「別科目」なんて思わないでね！
けっこうつながっているんだよ！

基礎化学のおはなし，とりあえずおしまいです．お疲れ様でした！
基礎化学をなぜ学ばなきゃいけないか，わかってくれましたよね．
ここまで読んできたみなさんは，もう基礎化学の土台はできたも同然です．
国家試験の計算のベースになるおはなしも終わっていますからね．

Part 2

生物

化学のおはなしが一段落．
ここからは生物（基礎生物）のおはなしです．
生物も大まかに6つに分けて進めていきます．

さて，「やっと化学のおはなしが終わった！　別の話だ！」なんて思ってはいけませんよ．
生物と化学は，同じ現象を別視点から見ているところがたくさんあります．
「別科目だから，別の話」と思っていると気付けないところです．
可能な限り，文中で「化学でやったよね！」というつもりですが…．
みなさんも「化学と生物はつながっている」ことの意識をお忘れなく！

こちらも化学と同様，とりあえず1回最後まで読んでみてください．
そうすると同じ言葉が何回も出てくることがわかるはず．
その重要性に気付いたら，読み直すことで内容を理解できるはずですよ．

「別科目」なんて
思わないでね！
結構つながって
いるんだよ！

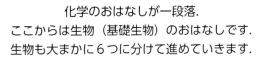

1章 細胞と代謝：
生命の最小単位！

生物パートは，細胞のおはなしからスタートですね．

ここのおはなしは，かなりの部分で生化学とも重なります．しかも高校で生物を選択してきた人にとっては，少々暇な時間かもしれません．そんな人は，わかるところはどんどん読み飛ばしてしまって結構です．ただ「お？　これ初耳！」と思ったら，ちゃんと立ち止まってください．化学パートとの対比もちらほら出てくるところですからね．

✦ 細胞

💡 細胞と生物

細胞は生命（生物）の基本となる単位です．基本単位なので，それ1個で生きていけます．これが，単細胞生物．アメーバやゾウリムシなどがここに入りますね．

もちろん，基本単位をたくさん集めて生きていくこともできます．これが，多細胞生物．私たちヒトやイヌ，ネコなど，普段お目にかかる生物は多細胞生物と思っていいでしょう．

単細胞生物も，さらに分類できます．核のある真核生物と，核のない原核生物です．両者を分ける核のおはなしは，もう少し後で出てきますからね．多細胞生物にはあまりにも種類があるので…というおはなしから，高校生物では「生態系と系統樹」のおはなしへとつながっていきます．でも，ここでは省略．あくまでヒト（とその栄養物になりうるもの）の細胞に限定して，おはなしを進めていきますよ．

多細胞生物としてのヒト

ここで，覚えておいてほしいこと．ヒトは多細胞生物で，真核生物．これは基本中の基本なので，今覚えてしまいましょう．そのうえで，なぜ「多細胞生物なのか」を考えてみてください．…いろいろと思いつくことがあるはずですが，その中でも「体を大きくできたこと」は，ヒトが多細胞生物である理由の1つだと思います．

役割分担！

「動かす」に特化！

「覆う」に特化！

「指揮命令」に特化！

これが
多細胞生物の
メリットだ！

１つしか細胞がなかったら，自分の体の重さ（自重）は大問題です．水中ならまだしも，空中や陸上では細胞を大きくすることと自重の関係は無視できません．しかも自重に耐えることができても，動きが悪くなっては他のものに食べられてしまうかもしれません．子孫を残す（自己の種を残す）ためにはなんとしてもここをクリアーする必要があります．

そこで，多細胞生物は細胞を増やして体を大きくする代わりに，細胞間で役割分担をすることにしました．たとえば，体を支え・動かすことに特化した細胞があれば，自重に耐え，活発な動きを維持できます．また，表面を覆うことに特化した細胞があれば，陸上の乾燥も怖くありませんし，栄養吸収効率も良くできます．そして，指揮・命令に特化した細胞があれば，他の細胞は個別判断をする必要がなくなり，本業に専念できるようになります．

このような細胞間の仕事分担が，組織や器官のおはなしにつながっていくのです．だから多細胞生物である以上，「役割分担」を常に意識する必要があります．その辺りについては，後で章を改めて紹介しますね．

💡 細胞小器官①（動物・植物共通）

ここで核をはじめとする細胞小器官（オルガネラ）のおはなしに入りましょう．文字の通り，細胞の中にある小さな器官（役割分担）です．たくさん種類がありますが，動物・植物両細胞に共通している核・細胞膜・細胞質から始めますよ．

核

核というのは，遺伝情報を保管し複製するところです．遺伝情報は，体の設計図だと思ってください．設計図はDNAという素材に書いてあります．次章では，DNAが主役になりますよ．

遺伝情報はとても大事なものなので，傷つかないように保管しておく必要があります．だから，核膜という２層の膜で覆ってあります．…でも，いざ必要なときに取り出せないのでは役に立ちませんね．そこで，核膜には核膜孔という穴が開いています．核膜と核膜孔の必要性，ちゃんと理解してくださいね．

さて，ここで先ほど出てきた原核生物についてみてみましょう．原核生物には核がありません．遺伝情報自体がない…というわけではなくて．遺伝情報が特別の保護なく細胞の中に散らばっているのが，原核生物の細胞です．このとき，しまいこんでいませんから遺伝情報を使うことは簡単です．でも「傷ついてしまう」おそれは高まりますね．そのため，１つの傷

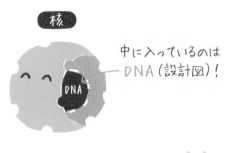

核

中に入っているのは
DNA（設計図）！

DNA

大事だから2層の膜！
使いたいから核膜孔！

から遺伝情報の変化が起こりやすくなります.

遺伝情報の変化には良いものも悪いものもありますが, このあたりのおはなしも2章にまわすことにしましょう.

細胞膜

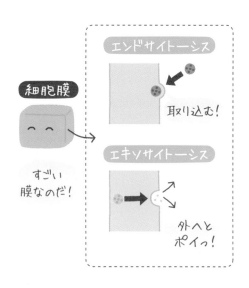

細胞膜というのは, 細胞の中と外とを隔てる膜です. 「自己かそうでないかを隔てる境界」というと, 急にカッコよくなりますね.

この膜, ただの膜ではありません. 生きている膜 (生体膜) です. どう生きているのかというと, 細胞の外にある「必要なもの」を細胞の中に取り込み (エンドサイトーシス), 細胞の中にある「いらないもの」を細胞の外に出すことができます (エキソサイトーシス). 膜自体が破れることなく, 必要なもの・不要なものの出し入れができるのです. 家の中にいるのに, ドアや窓を開けることなく届いた荷物が家の中に入り, ゴミ袋が外に出ていくようなものです.

このとてつもなく便利な細胞膜の正体は, タンパク質とちょっと他のものがくっついた脂質 (複合脂質) です. ただの脂質は水嫌いですが, リン酸や糖がくっついた脂質は, 水とも油ともなじめる両親和性になります. この両親和性になった脂質が, 細胞膜の主成分です.

また, 細胞膜は「電気」を起こすときに大事な働きをしています. その主役は細胞膜にあるタンパク質です. ここについては, 神経のおはなしのところで説明しますね.

細胞質

細胞質というのは, 細胞の中を満たしている液体. 水が主成分ですが, 水以外にもいろいろなものが溶けています. ATPを作るときに必要なグルコースや, カリウムイオン等のミネラルをイメージしてくださいね.

細胞にとって, 細胞膜の外は「自分以外 (外部環境)」. 単細胞生物は外部環境の影響を大きく受けます. ヒト個体レベルでも, 周囲の気温や湿度等の影響を受けますね. それでも個体として生きていけるのは, 個体の内部環境 (自分の内側) を一定に保つ働きがあるからです. そして細胞にとって, 細胞質は内部環境そのもの. 細胞膜や細胞外環境 (組織液などの細胞外液) の協力を得て, 細胞が生きていけるように維持しないといけませんね. 「細胞が生きること」イコール「ヒトが生きること」ですよ.

内部環境を維持する「生体の恒常性 (ホメオスタシス)」については, 4章以降のおはなしなので, 少し待っていてくださいね.

細胞小器官②（おもに動物で重要）

ここまでが，動物植物共通編．ここからは，動物（ヒト）で重要な細胞小器官に移ります．ミトコンドリア，リボソーム・リソソーム，小胞体，ゴルジ体・分泌顆粒といきましょう．

ミトコンドリア

ミトコンドリアはジェリービーンズに似た，楕円構造．中を割ってみると，内側に向かってひだ（クリステ）が出ています．ミトコンドリアはATPを作る場所．化学パートで化学反応についてたくさん学びましたね．「グルコースからATPを取り出す酸化反応」のところです．

「グルコースの酸化反応で熱（ATP）を取り出す」のは，ミトコンドリアの役目．化学では「火力発電所とほぼ同じ発電効率」だとおはなししましたね．ミトコンドリアが細胞内火力発電所ともよばれるのは，無関係な話ではありませんよ．絶対に忘れてはいけないことは，ミトコンドリアがATPを作るときには酸素を必要とすること．「酸化反応」とは「酸素と結合する反応」ですからね！

リボソーム・リソソーム

リボソームとリソソームは，一文字違いで名前はそっくりですが，働きは正反対．リボソームは「作る」担当，リソソームは「壊す」担当です．

リボソームは雪だるま型をしたタンパク質を合成するところ．タンパク質合成にはアミノ基転移酵素等が働いてくれています．次章で，さっそく働いているところをみることができますよ．

リソソームは球形の各種分解をするところ．こちらの「分解」には「酸化」が大活躍．しかも単なる酸化にとどまらず，「過酸化」も登場します．このおはなしは「免疫」のところで出てきますからね．

粗面小胞体 / 滑面小胞体

タンパク質
運ぶんだー！

脂質 運ぶね……
解毒も……するよ……

小胞体

　小胞体は細胞内の通路のような役目をもっています．表面につくものの有無で2種類に分けられます．

　まず，表面にリボソームがついたものが粗面小胞体．遠目に見ると，リボソームのせいで凸凹に見えます．リボソームの作ったタンパク質が通る通路です．

　かたや，表面に何もついていないのが滑面小胞体．遠目に見ると，粗面小胞体と違ってツルツルしています．こちらは細胞質で作られた脂質の通路．滑面小胞体まで含めて「脂質合成に関与」とされることが多いですね．あと，滑面小胞体は解毒にも関係していることを頭の片隅に入れておきましょう．

ゴルジ体・分泌顆粒

　ゴルジ体は平べったい袋のようなもの．これは細胞内運搬の仕上げ係です．

　ゴルジ体のすごいところは，運搬のための荷造り（袋詰め）までしてくれること．イメージとして近いのは，バルーンアートですね．内側に入ってきた物を1か所に集めたら，集めた部分の入り口をしぼって袋のようにしてくれるのです．しかもバルーンアートよりすごいところは，ゴルジ体も生体膜でできているため，袋詰めした部分を切り離すことができます．これはゴルジ体が細胞膜と同じ複合脂質の膜でできているから．この切り離した部分に細胞外へ分泌するものが入っていると「分泌顆粒」とよばれます．いろいろなものが入りますが…ここではヒスタミンの入った分泌顆粒を覚えておいてください．

＊

　以上，細胞の中の役割分担「細胞小器官」についてのおはなしでした．

　1つの小さな細胞の中を見ても，たくさんの役割分担がされていることがわかりましたね．人体内の役割分担「臓器」のおはなしのときには，この細胞小器官の役割も思い出してくださいね．

ゴルジ体

たまってきたから
袋詰め！

よせて～

入口しばって……

切り離せば完成！

ここは 分泌顆粒 に
できるよ！

それでは後半戦．代謝のおはなしに入りましょう．

ここでのおはなしは細胞の代謝…なのですが，細胞がATP（熱・エネルギー）を作らないと，ヒトの熱（体温）は維持できません．つまり「やせるためには代謝を上げる！」を理解するためには，細胞の代謝を理解する必要があるのです．

💡 同化・異化

代謝の土台にあるものは同化と異化です．

同化というのは，ATPなどのエネルギーを使い，自分に必要なものを作り出すこと．異化というのは，グルコース等からATPを取り出すことです．

同化（植物細胞）

同化は，植物細胞の光合成をイメージするといいですね．植物細胞（のうち葉緑体があるもの）は，太陽の光（エネルギー）と水，二酸化炭素からグルコースを作れます．植物にとってグルコースはATPのもとであると同時に，細胞に硬さを与えるセルロースのもと．そしていざというときのために貯めておくデンプンのもとでもあります．植物にとって必要なものを作っていますから，同化ですね．

同化（動物細胞）

では，動物細胞の同化とは何でしょうか．

グルコースを保存しておくときの形，グリコーゲン合成が一例ですね．

グルコースが余ったとき，植物も動物も，なるべく多く保存しておこうとします．そのとき，グルコースをなるべくコンパクトな形にできれば，より多く保存しておけますよね，グルコースをコンパクトな形のグリコーゲンに変えて，貯蔵に備えるのはこのためです．このときにはATPを使う必要がありますよ．

また，脂質は重要な成分です．糖質から脂質を作ることも同化に入ります．たとえば，ダイエット等で脂質（油分）を全くとらないと，細胞自体をうまく作れなくなってしまいます．また，後で登場するホルモンと脂質は，意外なほど関係がありますよ．ここを読んだあなたは，変な食事制限ダイエットをしないでくださいね！

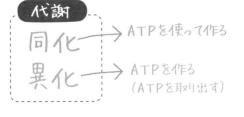

これが基本だね！

異化

そして異化はグルコースからATPを取り出すこと．まさに私たちのイメージする「代謝」です．高校生物でも学んだ，グルコース1個と酸素から，二酸化炭素と水とATPができる「あの式」ですね．化学パートでも確認しましたが，念のために復習しましょう．

$$C_6H_{12}O_6 + 6O_2 \rightarrow 6CO_2 + 6H_2O + 36ATP$$

ここで「38ATPって勉強したんだけど…？」と気になる人がいるはずです．それ，ヒト細胞の代謝式でしたか？　もちろん，ヒトの細胞でも場所によっては38ATPを取り出せます．でも，筋肉（骨格筋）細胞では，グルコース1個から取り出せるATPは36ATPになります．その違いは「途中の運び方の違い」です．ATPを取り出す代謝（異化）のプロセス，もう少し詳しくみておきますよ．

グルコースからATPを取り出すためには「解糖系」「TCAサイクル（クエン酸回路）」「呼吸鎖（電子伝達系）」が必要です．忘れていた人，思い出せましたか？　大事なところなので，まずは名前をちゃんと覚えましょう．

解糖系

では，それぞれの内容についてみていきましょう．まずは解糖系です．

解糖系はグルコース1個からピルビン酸2個と2個のATP，2枚のNADHを取り出すプロセス（過程）．ここはよくみると2段階に分かれています．

第1段階では，グルコース1個あたり2ATPを使ってグルコースを分解しやすい状態にします．

第2段階では，この分解しやすくなったグルコース1個を，2個のピルビン酸に分けて，4個のATPと2個のNADHを取り出します．「（-2ATP）+ 4ATP = 2ATP」と表わされることもあるのはそのためです．

解糖系のプロセスは酸素がなくとも進むことができます．酸素が十分にないときの筋肉運動（無酸素運動）を支えてくれるのが解糖系ですね．そのときにできるものはピルビン酸2個ではなく，乳酸2個になります．なお，乳酸のままでは次のプロセスであるTCAサイクルに入れることはできません．TCAサイクルに乳酸を入れたいなら，血液で肝臓に乳酸を運び，ピルビン酸かグルコースに作り直す必要がありますよ．

つまり，酸化反応！

TCAサイクル（クエン酸回路）

　TCAサイクル（クエン酸回路）はピルビン酸1個からATP1個とGTP1個，NADHを4個と，FADH₂を1個取り出すプロセスです．場所は細胞小器官のミトコンドリアです．ここも2段階に分けられますよ．

　第1段階はピルビン酸をアセチルCoAにするところ．ここでアセチルCoAとNADHが1つずつ出てきます．

　第2段階はアセチルCoAをミトコンドリアの中に入れて，くるりと回すところです．くるりと回すと，GTPが1個，NADHが3個，FADH₂が1個，出てきます．

　注意することは「ミトコンドリア」．ミトコンドリアは酸化反応をするところでしたね．つまり，酸素がないとミトコンドリアは役立たず．「ミトコンドリアといえば酸素！」といっていたのはこのためです．酸素がないと，TCAサイクルは動きませんからね！

呼吸鎖（電子伝達系）

　最後の呼吸鎖（電子伝達系）は，NADHを3ATPに，FADH₂を2ATP変えるプロセスです．

　これまた，その場所はミトコンドリア．ミトコンドリアということは…これまた酸素がないと動きません．また，解糖系でできたNADHはFADH₂に形を変えてから電子伝達系に入ることに注意です．なお，38ATPを取り出せるところでは，解糖系由来のNADHがそのままミトコンドリアに入ります．

ミトコンドリアだから，酸素が必要な酸化反応！

　グルコース1個からできるピルビン酸は2個．そして，ピルビン酸1個からNADHは4個，FADH₂は1個できます．さらに解糖系でできたNADHがFADH₂になって入ってきますから…グルコース1個からNADHは8枚，FADH₂は4枚できますね．だからNADHでは8×3＝24ATPと，FADH₂では4×2＝8ATPが出てくるはずです．

　グルコースからATPを取り出すプロセスは，「解糖系」「TCAサイクル（クエン酸回路）」「呼吸鎖（電子伝達系）」の3つで成り立っていました．呼吸鎖（電子伝達系）から，いくつのATPができていましたか？「あれ？24＋8＝32で，足りない？」と思いましたよね．だから解糖系やTCAサイクル（クエン酸回路）で出たATPも足してください．

　そしてこのとき，TCAサイクル（クエン酸回路）で出たGTPも足してしまっていいですよ．GTPはグアノシン3リン酸．ATPはアデノシン3リン酸．グアノシンはグアニンにリボースという糖がくっついたもの．アデノシンはアデニンにリボースという糖がくっついたものです．そしてグアニンとアデニンは，どちらもこの直後，2章で出てくる「塩基」です．

ATPがエネルギー源になるのは，2つあるリン酸どうしの結合（高エネルギー結合）が切れるときにエネルギーが出てくるから．これは化学パートの5章の「細胞とヒトの代謝のおはなし」で，「アデノシン『3』リン酸（ATP）がアデノシン『2』リン酸（ADP）になるときの変化」として出てきたところです．

GTPにもリン酸どうしの結合があり，そこが切れるときにエネルギーが出てきますよ．エネルギー産生の面では，ATPとGTPは一緒に扱って問題ありませんからね．だから解糖系の2ATPとTCAサイクル（クエン酸回路）で出てくる2GTPを足してしまいましょう．2 + 2 + 24 + 8 = 36ATPとなります．これでオーケーですね．

＊

まとめておきますよ．

1個のグルコースからできるATPは，「酸素があってミトコンドリアがあれば36ATP」で，「酸素がないと2ATP」です．酸素の有無が大きいことがわかりますね．これが，「酸素がないと（呼吸できないと）死んでしまう」理由です．酸素なしでもごくわずかのATPを作ることはできますが，それだけではヒトは生命活動を維持できない，ということでもあります．後でおはなしする「臓器」の呼吸器系の重要性が早くもわかりましたね．あと，途中で出てきた「やせるためには代謝を上げる！」．このおはなしも「臓器」の筋骨格系のところにつながっていきますよ．

酸素あり → 36ATP
酸素なし → 2ATP

この差は大きいね！

MEMO

解糖系しか使えない細胞のおはなし

1個のグルコースからできるATPの数を具体的に確認したので，ミトコンドリアと酸素の重要性がわかりました．

〈赤血球〉

だけど，残念ながらミトコンドリアがない細胞があります．それが赤血球．「酸素を細胞のところまで届ける」役目に特化したため，赤血球にはミトコンドリアと核がありません．核がないので，次章でおはなしする細胞分裂ができません．そしてミトコンドリアがないので，酸素とグルコースがあっても2ATPができる解糖系どまりです．ミトコンドリアがないということは，脂質からATPを作ることもできません．

化学パートの5章のコラムで脂肪酸からATPを作るおはなしをしました．そこで出てきたβ酸化（アセチルCoA産生サイクル）と呼吸鎖はミトコンドリアの中で進むもの．だからミトコンドリアのない赤血球は脂質からATPを作れません．「酸素を運ぶ」という大事な役割の担当ですが，赤血球のATPは血液中のグルコース（血糖）だけが頼りですよ．

〈中枢〉

赤血球と同様に血液中のグルコース頼りなのが，脳に代表される中枢（神経細胞の集まり）．本当に大ピンチがあるとケトン体という脂質の一種をATP産生に使いますが，基本的にはグルコースからしかATPを作れません．

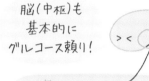

糖（グルコース）がないとATPを作れないところ，赤血球と脳（中枢）．ちゃんと覚えておいてくださいね．糖尿病のおはなしにも関係してくるところです．赤血球の作り直しについては次章のコラムで補足しますよ．

MEMO

2章 細胞分裂：
自分が自分でいるために

✦ 細胞とDNA

　細胞について理解が進んだところで，細胞分裂を学びましょう．単細胞生物にとって，細胞分裂は自己を残し，増やす手段になります．これはイメージできますよね．多細胞生物（ヒト）にとっても，細胞分裂は自己を残し，殖やす手段になります．「自己を残す」が体細胞分裂で，「殖やす」は減数分裂です．どういうことか，今のうちに説明しておきますよ．

💡 生まれ変わる細胞

　私たちの体は，一度完成したら終わりではありません．すぐに寿命を迎える細胞がいます．また，常に新品に置き換えておきたい細胞もあります．だから，目に見えないところで日々細胞は分裂し，生まれ変わっているのです．

　交代のサイクルが短い細胞の代表は，「舌の味蕾」「小腸上皮細胞」「赤血球」です．その理由は，味蕾は受ける刺激が多くてすぐに傷むからです．また，小腸上皮細胞は常にフルパワーで栄養を吸収したいから，そして赤血球は酸素を運ぶ重労働で傷んでしまうから，細胞の生まれ変わるサイクルが短いのです．この3か所は細胞分裂ができないとすぐに悪影響が出てきます．

細胞分裂盛んだよー！

　受精卵からヒトができるまでの「発生」段階で細胞分裂が大事なのは，いうまでもありませんね．また，生殖…子孫（自己の種）を残すことは生物にとって最重要事項です．うまく子孫を残すためには，特殊な細胞分裂が必要になってきます．だから，一度体を完成させた多細胞生物にとっても，細胞分裂は不可欠なのです．

　ここでは，先に細胞分裂に必要な「DNAの複製」についておはなしします．そのあとで，「細胞分裂」について理解しましょう．

細胞分裂できないとピンチ！

💡 DNAの複製

DNAというのは，核の中に入っている設計図です．設計図には祖先から受け継いだ遺伝情報が書いてあります．でも，核の中をぐぐっと拡大してみても，そのままではどんな情報が書いてあるかわかりません．その理由は「核の中でDNAは散らばって存在しているから」そして「暗号で書いてあるから」です．

染色質・染色体

DNAが散らばって存在している状態が染色質．理科の実験で酢酸カーミンの赤紫色に染まるから，染色質です．細胞分裂をするときに，染色質がぎゅうぎゅうに集まったものが染色体．いびつなX字型（ものによってはV字型）にみえます．

ヒトの染色体は全部で46本．男女共通の常染色体は1から22番までのペアになっていて，44本．性染色体は男性でXY，女性でXXですね．

染色体のおはなしは，ひとまずここまでにしておきます．まずはDNAの「暗号」のほうに注目です．

こんなふうに 染色体 になるのは
細胞分裂のときだけ！

ふだんは
染色質 ね

DNAという「暗号」

DNAの暗号を知るためには，「セントラルドグマ」を知っておいたほうがいいでしょう．セントラルドグマ…直訳すると「中央教義」となります．「そんなこといわれても…何それぇ？」ですよね．3つのプロセス（段階）があって，それを全部まとめてセントラルドグマとよんでいます．

「複製」「転写」「翻訳」がそのプロセス（段階）．簡単にいうと，次のようになります．

「複製」はDNAをそのままコピー（DNA量が2倍になる）
「転写」はDNAの情報のうち必要なものをRNAにコピー
「翻訳」はRNAの情報をもとにタンパク質を作ること

細胞分裂において，複製と転写は，コピーする部分とコピー先の素材がちょっと違うだけです．さらに暗号を解いて私たちのわかる言葉（見えるもの）にするのは，翻訳のお仕事．ここで3つのプロセス（段階）すべてをおはなししてしまいましょう．

セントラルドグマ

= 複製 ＋ 転写 ＋ 翻訳

DNAの　　DNAをもとに　RNAをもとに
フルコピー　RNAにコピー　タンパク質を！

イメージ，
つかんでね！

DNAの2本鎖

拡大

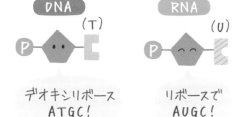

A は T と，G は C と！

A T G C

これが
「塩基が相補的関係にある」

DNA
(T)
デオキシリボース
ATGC！

RNA
(U)
リボースで
AUGC！

あとは，DNAは2本鎖で，
RNAは1本鎖ね！

複製

　複製というのは，DNAのフルコピーを取ること．コピーの基本は「ペアになる塩基を合わせる」ことです．DNAの塩基には，A（アデニン），T（チミン），G（グアニン），C（シトシン）の4種類があります．Aは必ずTと向かい合わせてペアになり，Gは必ずCと向かい合わせてペアになります．これを「塩基が相補的関係にある」といいますよ．AはTと，GはCとペアになるように並べていけば，「もともとの設計図の情報と比べると，ちょうど塩基が反対の図」が完成です．「DNAのコピーを取る（複製）」とは，塩基のペアを合わせることで，情報を写し取ること．つまり「情報が同じで塩基が反対の設計図を作ること」なのです．

DNAとRNA

　塩基というのは，DNAを形作るヌクレオチドの一部品で，アミノ酸（タンパク質のもと）から作られています．ヌクレオチドは糖と塩基とリン酸からできています．糖にデオキシリボースが入り，塩基がATGCのどれかならDNAですね．糖にリボースが入り，塩基がAUGCのどれかだとRNAになります．「コピーの取り方」はDNAと同様で，ペアになるのは，AとU（ウラシル），GとCですね．Tが使われていたらDNA，Uが使われていたらRNAとなります．ここ，看護師国家試験でも問われるところです．しっかり覚えてしまいましょう．あとはDNAが2本鎖，RNAが1本鎖ということもお忘れなく！

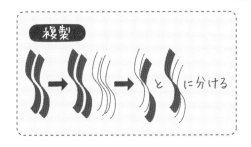

複製

シ → シシ → シ と シ に分ける

古い鎖（黒）と新しい鎖（白）を
2本で1セットにするのが，

半保存的複製

DNAポリメラーゼ　　DNAリガーゼ

ぼくたちDNAの傷を直せるけど…
「正解」がないと
どう直していいかわからない！

だから「正解」になる
古い鎖が
必要なんだね……

コピーのあとの分け方

　コピーを取った後の分け方についても説明しましょう．

　DNAが「2本鎖」といわれるのは，DNAは2枚の設計図が重なったものだからです．2本のヌクレオチドの鎖がらせん状になっているので，「二重らせん構造」ともいいますよ．この2枚の設計図の関係は，先ほどおはなしした，「情報が同じで塩基が反対」．写真でいうなら，ネガとポジの関係にあります．スマートフォンで写真を撮った後，各種アプリで加工するときに「ネガポジ反転」があるはずです．画像は同じで，色が正反対になりますよ．「青い空に白い山」が「茶色い空に黒い山」になります．

　コピーを取り終えたら，「新しいDNAができた！　さっそく新しい細胞に入れよう！」と思うかもしれませんが，ちょっと待ってください．新しい細胞に入るのは，でき立てほやほやの新しいDNAとは限りません．新しい細胞に入るのは，新しい設計図（DNA）1枚と従来あった設計図（DNA）1枚です．この，新しく作ったDNA鎖1本と，前から細胞にあったDNA鎖1本をセットにすることを「半保存的複製」といいます．大事な言葉なので覚えてくださいね．

　こんなことをする理由は，ミスコピーをしてしまったときに，ミスコピーがあったところを直すためです．DNAは体の設計図．コピーしたところにホコリがあったり，インク抜けがあったりして間違ったコピーができてしまったら…生物は自己を保てず，正しく子孫を残すことができません．だから，DNAにはお直しサービスがあります．DNAリガーゼとDNAポリメラーゼという酵素が「間違い」を正してくれます．

　2つのDNAをつき合わせて違いがあったとき，「間違い」を決めるためには「正解」がわかっていないといけません．「正解」になるのが，従来あった設計図（DNA）ですね．「間違ったコピーを直す」ためには，半保存的複製と酵素（DNAリガーゼとDNAポリメラーゼ）が必要ですよ！

　ちなみに，新しい設計図（DNA）どうしを新しい細胞に入れることは「保存的複製」といいます．ヒトはこの保存的複製を採用しませんでした．その理由は…正しく子孫を残すためですね．

RNAはコピーを
とり直せばいいから，
お直しはなし……

転写

転写（DNAの一部をRNAにコピーすること）は，塩基のペアを合わせて情報を写し取るという点で，複製と同じです．複製（DNAからDNAをフルコピー）との違いは，転写はRNAというDNAの「一部分」のコピーであり，「塩基がAUGC」であることです．なお，RNAにはDNAのようなお直しサービスはありません。これはRNAがDNAの「一部分」のコピーなので，コピーの取り直しが簡単にできるからですよ．

翻訳

ようやく暗号を解く「翻訳」のおはなし．

RNAは「DNAの一部コピー」と説明してきましたが，それは実は３種類あるRNAのうち「mRNA」についての説明です．「翻訳」を進めるためには，残り２つのRNAにも手伝ってもらわないといけません．それが，リボソームの中にいるrRNAと，リボソームにアミノ酸を連れてくるtRNAです．

アミノ酸であれば手あたり次第にリボソームに連れて…ではありませんよ．mRNAに書いてある暗号に合ったアミノ酸を連れてくるのが，tRNAのお仕事．暗号は塩基３つで１つのアミノ酸に対応するもので，「コドン」といいます．たとえば「AAA」と並んでいたらリシン（リジン）を指すコドン．コドンとペアになる「アンチコドン」がtRNAにはあって，その暗号（塩基配列）をもとにアミノ酸を探してくるのです．この塩基の並びによる遺伝情報を，アミノ酸（タンパク質）にすることが「翻訳」です．

このように，DNA上にあった設計図（遺伝情報）を，タンパク質にする一連の流れ（転写して翻訳）が「セントラルドグマ」です．細胞分裂時のDNAフルコピー（複製）も，セントラルドグマに含まれますからね．

＊

DNAの暗号について少し理解できたところで，一度確認．DNAに必要なものは何でしたか？「…DNAはヌクレオチドの集まりだから，糖と塩基とリン酸…」でしたよね．塩基はもっというなら，アミノ酸（タンパク質のもと）からできていました．つまり，糖とタンパク質とリンを食べ物から入手しないと，私たちはDNAを作れません．

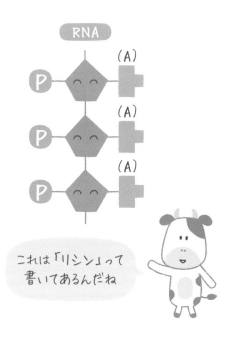

RNA

(A)

(A)

(A)

これは「リシン」って
書いてあるんだね

食べ物から入手するためには，「食べること」と「消化酵素」が必要です．…変な食事制限ダイエットが危険なこと，わかってくれましたか？なお，消化酵素自体もタンパク質からできています．酵素が働くには補酵素も必要ですから，補酵素も食べ物からとらないといけませんね．「いろいろな食品を，バランスよく」．食生活の基本はここからですね．

もちろん，酵素や補酵素の理解には化学の知識が土台になってきます．化学反応や触媒のおはなしは，この重要性を理解するためにあったのですね！

細胞内のDNA，ちゃんとフルコピーできました．ここまでできたなら，安心して細胞分裂のおはなしができますね．

✦ 体細胞分裂と減数分裂

細胞分裂には，体細胞分裂と減数分裂があります．先に体細胞分裂のおはなしをして，少し理解が進んでから減数分裂のおはなしをしますよ．

💡 体細胞分裂

設計図
1セット！

設計図1セットずっ
ちゃんとあるよ〜！

DNAを2倍にして，
重なりも欠けもなく
分配！

体細胞分裂とは，1個の細胞が2つに分かれて2個の細胞になるもの．2つに分かれたときに設計図（DNA）が半分になったら，お直しができなくて困ったことになってしまいます．だからDNAはフルコピーをして，2倍になってから分裂しないといけませんね．

でも「2倍にしたから絶対安心！」…とはいえません．いざ細胞分裂してみたら，「設計図の中の，ある部分は2倍の量をコピーしてしまったのに，別の部分はコピーし忘れでゼロ…」なんてことでは困ります．だから生物細胞は2倍になったDNAを，ちゃんと1セット（設計図2枚）ずつ2つの細胞に分ける方法を取りました．DNAをぎゅっと集めた染色体の形にして，それから細胞それぞれに分けることにしたのです．ヒト染色体は，常染色体が22対（ペア），あとは性染色体が2本でできています．これらを同じ番号どうし向かい合わせてから，両端にぐぐっと引っ張っていきます．こうすれば重なりも欠けもなく，1個の細胞が2個の細胞に分かれることができそうですね．

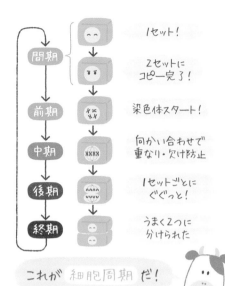

これが 細胞周期 だ！

細胞周期（間期・分裂期〈前期・中期・後期・終期〉）

　一連の流れがわかったところで，段階分けしてみていきましょう．1つの細胞が分裂するサイクルを，「細胞周期」とよびます．最初がDNAのフルセットコピー．これは分裂と分裂の間に位置するため「間期」とよばれます．

　そして，分裂を実行する「分裂期」は，前期・中期・後期・終期に分かれます．まず，DNAが染色体として集まり始めて，核膜が薄れていくのが前期．次に，太いX字型（やY字型）になって，同じ染色体番号どうし向かい合わせるのが中期．そして，細胞の両端にぐぐっと引っ張られて，1セットずつに分けられるのが後期．最後細胞の中央がくびれて2個の細胞になり，核膜ができるにしたがって，もとの状態にDNAが戻るのが終期ですね．分裂する前の細胞を母細胞とよび，分裂した後の細胞を娘細胞とよぶのがお約束です．だから「母細胞が間期の準備ののちに，分裂期を経て娘細胞2つになる」のが細胞周期ですね．

　「なぜ女性ばっかりなんだ！　性差別だ！」といいたくなる人がいるかもしれませんが…．現在，ヒトで子を産めるのは女性だけ．次々と細胞分裂することが期待されている以上，この細胞世界だけは細胞名称が女性になることを許してあげてくださいね．

体細胞分裂に必要なもの

　体細胞分裂について一通り理解できました．「DNAを2倍に『複製』してから，1セットずつに分けて，分裂」ですね．

膜の材料は
脂質とタンパク質

あとは
「動く」に必要なATPも……
やっぱりバランス良い
食生活

　ここで，DNA以外にも必要なものがあることに注意ですよ．たとえば細胞膜のもとになる脂質やタンパク質．細胞膜のもとになる脂質が不足していたのでは，できた娘細胞のサイズが必要以上に小さくなってしまいます．そのあとで大きくなろうにも，膜の材料不足では細胞が大きくなれません．また，細胞膜に埋まっている膜タンパク質のもとがないのでは，細胞は内部環境を維持することができません．

　さらに，分裂期の文章をよく読み返してみると…「染色体がぐぐっと引っ張られて」とあります．「引っ張る」ということは「動くこと」．動くためには，ATPが必要です．ここでは細胞の両端近くに出発点のある紡錘糸が，染色体を引っ張るためにATPを使っていますよ．

　だから，軽く見直しただけでもタンパク質，脂質，ATPを作るための糖質が細胞分裂に必要ですね．さらには，DNAを作るためのビタミンやミネラルも必要ですよ．体細胞分裂に必要なもの，再確認終了．生殖細胞を作る，減数分裂のおはなしに入りましょう．

減数分裂

減数分裂を学ぶために，生殖細胞に注目してみましょう．生殖細胞はその名の通り，「生殖」に使う細胞のこと．精子と卵子が生殖細胞の完成形です．

精子

まずは精子で減数分裂を理解しましょう．精子のもとになるのは，精巣の中にいる精原細胞（精祖細胞）．精原細胞の中のDNAが２倍（フルセットコピー）になったら，いよいよ減数分裂スタートです．

染色体のペアを向かい合わせてから，細胞の両端へとぐぐっと引っ張ります．こうして１つの細胞が２つの細胞になるのが第一分裂です．ここだけみると，体細胞分裂と変わりません．

でも，すぐに第二分裂が始まります．２つに分かれた細胞が，そのまま半分になり，全部で４つの細胞になります．染色体のX字型は左右（縦半分）に分かれて，「くの字」と「逆くの字」になってしまいます．

染色体には短い腕と長い腕（短腕と長腕）があります．「短い腕左右」と「長い腕左右」のように上下（横半分）に分かれてしまうと，子孫に正しい情報が伝わりません．「短い腕と長い腕１つずつ」が２つできるように左右（縦半分）に分かれるなら，情報に微妙な違いはあるものの，ヒトとして正しい情報が伝わっていきます．左右に分かれたときの「情報に微妙な違い」とは，父方からと母方からの情報の違いだと思ってください．

こうして，１つの細胞が４つの細胞になり，ヒトとして正しい情報を伝えられるようにDNAを半分にするのが減数分裂です．１つの精原細胞から最終的に４つの精子ができますよ．

卵子

精子を作る細胞分裂はすごく素直でしたが，卵子を作る細胞分裂はちょっと特殊ですよ．始まりは卵母細胞（卵祖細胞）．

DNAを２倍（フルセットコピー）にして，細胞分裂が始まると…どちらの細胞にもDNAは１セット入っていますが，極端に大きな細胞と極端に小さな細胞に分かれます．これが第一分裂です．さらにどちらの細胞も第二分裂をした結果，極端に大きな細胞１つと，極端に小さな細胞３つができ上がります．

ヒトとして子孫に正しい情報が伝わるようにDNAは半分になっていますが，ずいぶんと大きさに偏りができてしまいましたね．でも，これでいいのです．卵子は卵黄にエネルギーをため込むのが仕事．卵母細胞にあったエネルギーをほぼ全部受け継いだものが，極端に大きな細胞で，これが

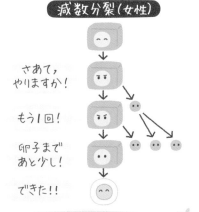

減数分裂（男性）

さあ！はじめるぞ！

第１分裂

もういっちょ！

第２分裂

あとは精子の形になるだけ〜

減数分裂（女性）

さあて，やりますか！

もう１回！

卵子まであと少し！

できた！！

受精後の栄養をためておく必要があるから，卵子１つに集中だ！

成熟して卵子になります．なお，残り3つの極端に小さな細胞は「極体」になります．卵子にならない以上，エネルギーを残す理由はないのです．

ちゃんとDNAの情報を半分にできましたね．これで安心して「受精」し，新たな生命を作り出していくことができます．ここから先の「生殖」については，解剖生理学や母性看護学等で学んでくださいね．

紫外線とDNA塩基のおはなし

細胞分裂の前にはDNAの複製が必要．複製したときにミスコピーがあったら困るので，「直すための酵素（DNAリガーゼとDNAポリメラーゼ）」がありました．だけどミスが多すぎると，ミスを直し終わる前に細胞分裂が始まってしまいます．

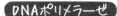

ミスが夛すぎると，直し終わる前に，細胞分裂が始まっちゃうよ！

DNAミスコピーには様々な原因がありますが，紫外線はその1つ．紫外線は塩基のT（チミン）を「ちょっと変なチミン（チミン2量体）」に変えてしまいます．「ちょっと変なチミン」はA（アデニン）とペアにならないので，写し取った情報が変わってしまうことに！

これではmRNAをもとに作ったアミノ酸も変わってしまい，できたタンパク質が本来の役目を果たさなくなってしまいます．酵素や膜タンパク質が役目を果たせないと，最終的に細胞が死んでしまいますね．これが「紫外線による殺菌」です．

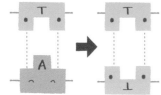

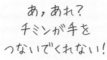

あ，あれ？チミンが手をつないでくれない！

ヒトの細胞（たとえば皮膚の細胞）も紫外線によってチミン2量体ができますが，ヒトの細胞分裂は細菌と比べてゆっくり．だからよほど強い紫外線を連続して浴びない限りは大丈夫です．

ただし，ヒトでも細胞分裂周期が早いところでは注意が必要．「舌の味蕾」，「小腸上皮細胞」，「赤血球」でしたね．赤血球には核がないので，大元になる骨髄の細胞（造血幹細胞）が細胞分裂をして赤血球を作り直すことになります．

赤血球は核が無くて細胞分裂ができない！骨髄の造血幹細胞が，細胞分裂をして作り直すよ．

がんの放射線治療は，紫外線と同様にDNAのミスコピー原因になります．それによって増殖が盛んな（細胞周期の早い）がん細胞はダメージを受け，「がん細胞が死滅する」または「がんの進行が止まる」ことになります．だけど同様に正常な細胞もダメージを受けてしまいますよ．先ほど確認した3か所は悪影響が出やすいところ．その結果どんなことが起こるのか．各種看護領域で学ぶ前に，自分で一度まとめておくといいですね．

MEMO

3章 臓器：
大事な大事な役割分担

◆ 臓器の役割分担

細胞が生きていくための細胞内小器官（オルガネラ）のおはなしが終わり，細胞の分裂方法についても理解できました．いよいよ，一個体として生きていくための役割分担のおはなしです．

💡 組織や臓器が必要な理由

ATPを効率良く
取り出すためには
グルコースと酸素，
ミトコンドリアだったな！

ATP

そうか……ヒトは
細胞の集まりだから
「細胞が生きる」と
「ヒトが生きる」は
大体同じ……

具体的には，どんな役割分担をすればいいでしょうか．こんなときには「細胞が生きるためには何が必要か」を考えてみましょう．細胞のエネルギーはATPでしたから，ATPを効率よく取り出すためにはグルコースと酸素とミトコンドリアが必要でした．

では，細胞のもとにグルコースと酸素を届けるには？　食べ物を消化吸収する消化器系と，空気中から酸素を取り入れる呼吸器系が必要ですね．さらには吸収したグルコースと酸素を細胞のところまで運ぶ循環器系も必要です．加えて，消化・吸収循環をコントロールする中枢神経系も必要になります．細胞が生きるために必要だからこそ，これらの働きを解剖生理学等で学ぶ必要があるのです．

そしてヒトという個体は細胞の集まりですから，「細胞が生きるためには何が必要か」とは，「何があったら（なかったら）ヒトは死んでしまうか」の裏返しでもあります．たとえば，「心臓が止まったら死んでしまう」は，循環器系が重要であること，「呼吸が止まったら死んでしまう」は，呼吸器系が重要であること．そして，「食べるものがないと死んでしまう」は，消化器系が重要であることを示しています．また，「眠らないと生きていけない」は，中枢・神経系が重要であることに深くかかわります．ここまでわかれば「細胞が生きることと，ヒトが生きることは大体同じ」といわれても，なんとなくイメージできますね．

もちろん，他にも大事な役割分担がありますよ．「なぜ必要なのか」を意識しつつ，ヒトでの役割分担である「組織・器官・器官系」のおはなしを始めましょう．

覆うのは
まかせて

動くことは
まかせろ

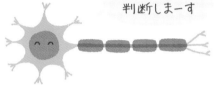

情報伝えまーす
判断しまーす

埋めて支えて
つなげるよ

よろしくねー！

組織

　組織というのは，同じ役割を持った細胞が集まったもの．多細胞生物がその特徴を最大限に活かすためには，細胞どうしで役割分担をする必要があります．

　まず，生物の表面を覆うことに特化したのが上皮組織の細胞．体の外側を覆う皮膚は乾燥等を防いで身体防御をし，体の内側を覆う粘膜は栄養や水分を吸収し，必要なものを分泌していますね．また，動くことに特化したのが筋組織の細胞．ATPを使って長さを変える筋細胞（筋肉）です．さらに，判断と情報伝達に特化したのが神経組織の細胞．情報を伝える専門と，判断命令の専門にさらに分けることができます．そして，残ったのはこれらの間を埋める結合組織の細胞．体内のいろいろな膜や，骨，弾力を保つコラーゲン等がここに含まれます．

　これら組織は，自分たちの担当にあった形をした細胞の集まりです．たとえば，上皮組織の皮膚の目的は外界の刺激から体を守ること．すぐ傷んでしまうため，代わりの細胞を常に準備しておく必要があります．でも使えるスペースには限りがあるので，平べったい細胞をたくさん重ねておくことにしました．これが「重層扁平上皮細胞（層を重ねて準備する平べったい細胞）」ですね．また，同じ上皮細胞でも小腸上皮の目的は，栄養分をできる限り体の中に取り込むこと．表面積をできるだけ広げるために，凸凹をたくさん準備．「腸絨毛」とよばれる構造ですね．このような吸収や分泌を行うのに適した細胞の形は「単層円柱上皮」です．

　同じ組織でも細胞の形が違う理由，わかりましたね．試験で問われるのは，特徴のある組織の細胞です．「その細胞は，何の目的でそこにいるのですか？」を確認しているのですね．重層扁平上皮の場所と，働きがいい例ですね．あとは何かを分泌することに特化した円柱上皮と，別な働きの上皮の間をつなぐ移行上皮はよく出題されますよ．

器官

　組織が集まって特定の働きを担ったものが器官です．たとえば，心臓の働きは「血液を送り出すポンプ」ですね．ポンプという以上，動くための筋組織だけあればいいのかというと…違いますね．動くための命令を伝える神経組織が必要です．また，スムーズに動くために，表面を覆う上皮組織も必要です．さらには動いているうちに場所がずれてしまわないように，結合組織も必要です．このように組織が集まって「心臓」という器官が完成するのです．

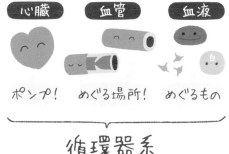

ポンプ！　　めぐる場所！　　めぐるもの

循環器系

器官系

　さらに，器官が集まって一定の役割を果たせるようになったものが器官系です．心臓は「血液を送り出すポンプ」ですが，血液が通る管（くだ）「血管」と，中を流れる「血液」がないと，「全身細胞に血液を届ける」という役割を果たすことはできません．だから，心臓・血管・血液がそろって「心血管系（循環器系）」という器官系です．組織・器官・器官系のイメージ，つかめましたね．

💡 生きるために必要なもの

　そして器官および器官系を知るということは，「個体として生きていくにはどうしたらいいか」を理解することにつながります．つまり，先に確認した「何があったら（なかったら）ヒトは死んでしまうか」を裏側から理解するのです．

　心臓が止まったら死んでしまうということは，生きるためには心臓が全身に血液を送り出す循環器系が必要ということ．呼吸が止まったら死んでしまうということは，生きるためには空気中の酸素を取り入れ二酸化炭素を吐き出す呼吸器系が必要ということ．また，食べるものがないと死んでしまうということは，生きるためには食べ物から栄養分を取り入れる消化器系が必要ということ．そして，眠らないと生きていけないということは，生きるためには眠りによる休息を含んだ，全身の情報処理を行う内分泌系・神経系が必要ということです．

そっか！
だから解剖生理学で
いろいろ勉強するんだ！

その他の大切な器官系

　もちろん，他にも必要な器官系は残っています．筋骨格系がないと，体がぐにゃぐにゃで動けません．筋肉がなければ，循環器系・呼吸器系・消化器系も役立たずです．また，生殖器系がないと，子孫を残すことができません．生物としてこれは由々しき事態ですね．でも，とりあえず「個体として」生きることを考えるときの，循環器系・呼吸器系・消化器系・脳神経（＋内分泌）系の重要性はわかりますね．

　だから，解剖生理学の教科書ではこれらを説明する時間がどうしても長くなります．この本は「生物」についてのイメージをつかむためのものですから，すべてを説明するには時間もページも足りません．ここでは消化器系の一部分と，呼吸器系・循環器系の一部分について「あくまで簡単に」説明しますよ．

💡 消化器系

「口の中」は体の中じゃないよ
ヒトの体は究極化すると「ちくわ」
ちくわの穴の中の空気は
「ちくわじゃない」よね！

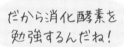

だから消化酵素を
勉強するんだね！

糖	アミラーゼ
	だ液と膵液

タンパク質	ペプシン
	胃液！
	トリプシン
	膵液！

脂質	リパーゼ
	膵液

ぼく，胆汁酸！
リパーゼのおともだち

胆

消化器系の目的は，食べ物の栄養を「体内」に取り入れることです．「口や胃の中に入れれば，もう体の中では？」と思ってしまいますが…消化管の中にあるだけでは，食べ物の中の栄養が「体の中」にあるとはまだいえません．

消化管

ヒトの体は，究極に単純化するとちくわのようなもの．消化管の中は，ちくわの中央にある穴そのものです．ちくわの中央部にある穴（空気）は，「ちくわ」ではありませんよね．だから，ちくわの中に取り入れる「吸収」が必要になります．

食べ物の栄養を取り入れる（吸収する）ことが消化管の目的です．そのために小腸の上皮細胞は特殊な形をしていましたよね．でも，それだけでは不十分です．小腸の上皮細胞のところに届くまでに，「吸収しやすい大きさ」「吸収しやすい形」にしておかないといけません．そこで必要になってくるのが消化酵素とそれを「助けるもの」です．

消化酵素

消化酵素は食べ物中の栄養を細かくして，吸収しやすい大きさにするもの．「酵素」ですから，タンパク質が主成分の化学反応を進める触媒でしたね．消化酵素にはたくさんの種類があります．代表的なものは早く覚えてしまいましょう．まず，糖質の消化酵素はアミラーゼで，またタンパク質の消化酵素はペプシンとトリプシン，脂質の消化酵素はリパーゼです．これらは消化酵素の出る場所（産生部位）も頭に入れてしまってください．それぞれ，アミラーゼはだ液と膵液に含まれ，またペプシンは胃液に含まれます．また，トリプシンとリパーゼは膵液に含まれます．

以上から，膵臓から三大栄養素（糖質・脂質・タンパク質）の消化酵素が出ていることがわかりますね．膵がんは膵臓の細胞がいうことを聞かずに増えるようになったもの．これら消化酵素もたくさん作られ，一部は消化管外に漏れだしてしまいます．消化酵素が食べ物ではなく，自分の体を消化してしまうことが「自家消化」．激しく痛む，危険な状態です．この時点で膵がんがどれだけ怖いか，イメージできると思います．

また，ペプシンは胃の酸性環境下（pH1〜2）でよく働き，トリプシンは膵液・腸液が出ているアルカリ性環境下（pH8〜9）でよく働きます．同じもの（タンパク質：基質）に働くのに最適環境が異なるため，看護師国家試験では「酵素の至適pH」の例で問われやすい所ですからね．

最終的に消化酵素が分泌されて働くところは消化管の中. だけど消化管の中はちくわの例では中央部にある穴の部分で,「体の外」にあたります. 消化酵素は「体の外に分泌」されるので,「外分泌」とよばれますよ. 対になるのはホルモンの「内分泌」. 内分泌系は4章のおはなしです.

消化器系と脂質

これら消化酵素のおかげで, 食べ物中の大きかった栄養が小さくなりました. サイズ的にはこれで一安心ですが,「吸収しやすい形」を気にしなくてはならないものもあります. それが脂質です.

脂質は水嫌い部分(炭素水素鎖, 炭化水素鎖)が長いので, 全体として水嫌い(疎水性)です. 消化管の中は食べ物や飲み物の水分だらけ. せっかく消化酵素リパーゼで脂質を吸収できる小ささにしても, 放っておくと水嫌いどうしで塊を作ってしまいます. これではうまく脂質を吸収することができません. そこで働くのが, 消化酵素を助けるもの, 胆汁酸です. 化学パートの3章で紹介した, ミセルを覚えていますか? このミセルという球体を作らせるのが, 肝臓で作られる胆汁酸の役目. ミセルは重要な存在なので, 覚えてくださいね.

ミセルについて, ちょっと説明. スタートは, 水嫌いの脂肪酸に大きな水好きの物がくっついて, 複合脂質(しかも水と油どちらにもなじむ両親和性)ができるところ. 水にも油にもなじみますから, 水の中に複合脂質を入れると「外側は水好き, 内側は水嫌い」の球になります. これがミセルです. ミセルを作らせる胆汁酸は, 脂肪酸のような単純脂質が形を変えた複合脂質の一種です.

水に対して十分な量の複合脂質があると, 水の表面に膜を張ることができます. 水面に接する部分は水好き部分, その反対側は水嫌い部分. さらに水嫌い部分と水嫌い部分が向かい合い, 最終的に残った水好き部分が外を向く…という状態ですね. 一見ただの平面に見えますが, よく見ると小さなものの集まりなので, 破れることなくものを通すことのできる膜です. 細胞膜やゴルジ体はこの複合脂質による膜だったから, ものの出し入れや端を袋状に切り離しできたのですね.

このように, 栄養物を小腸で吸収するためには, そこに届くまでに吸収しやすい小ささ・形にしておくことが必要. 生化学や解剖生理学で消化器系について学習するのは, 食べ物そのままの大きさでは体内(ちくわの部分)に取り入れることができないからですよ. もちろん, 栄養分を吸収し終わった「残りかす」を捨てることも消化器系の大事な役目.「体に入れる, 体から出す」どちらの視点もちゃんと意識しておきましょう.

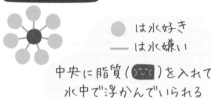

ミセル(の断面)

● は水好き
— は水嫌い

中央に脂質(○○○)を入れて水中で浮かんでいられる

ぼくの仕事はミセルを作ること!

この形にしておけば吸収できるんだね!

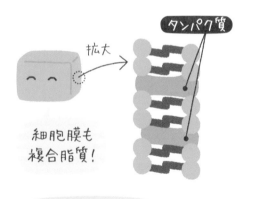

タンパク質

拡大

細胞膜も複合脂質!

本当だ!脂質とタンパク質!

💡 呼吸器系・循環器系

続いて，呼吸器系と循環器系をまとめた簡単な説明です．

呼吸器系

呼吸器系の目的は，体の外（空気）から酸素を取り入れること．そして，循環器系の目的は，血液を全身にめぐらせること．この2つは，決して無関係な話ではありませんよね．せっかく酸素を取り入れても，血液にのって全身の細胞に届かなければ意味がありません．血液が流れてきても，酸素が入っていないなら細胞内にグルコースとミトコンドリアがあっても，できるATPは2個どまりです．だから，呼吸器系と循環器系はまとめて学ぶと理解しやすいはずです．

酸素の取り入れ①：肺胞の役割

体の外（空気）から酸素を取り入れるのは，肺の役目．肺の中にある「肺胞」という小さな袋が「交換所」として働いてくれます．肺胞の周りは，毛細血管が網の目のように囲んでいます．肺胞や毛細血管の壁細胞はとても薄く，酸素や二酸化炭素といった気体が移動することを邪魔しません．酸素や二酸化炭素は，「濃い方から薄い方へ」動きます．酸素は空気のほうが血液より濃いので，薄い血液のほうへと動いていきます．二酸化炭素は血液のほうが空気より濃いので，薄い空気のほうへと動いていきます．これが「肺胞のガス交換」です．

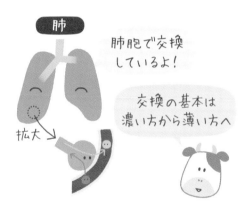

肺

肺胞で交換
しているよ！

拡大

交換の基本は
濃い方から薄い方へ

酸素の取り入れ②：赤血球の役割

肺胞で酸素を血液に取り入れたら，酸素を受け止めるのは赤血球の役目．血液には血球という細胞があって，そのうちの1つ赤血球は酸素運搬に特化しています．酸素を運べる理由は，赤血球の中にあるヘモグロビンという色素．ヘモグロビンは酸素とくっつくと鮮やかな赤に，酸素とくっついていないときは暗い赤になります．赤いひらべったい円盤状の赤血球は酸素運搬以外にもいろいろな働きをしていて，寿命はたったの120日です．

赤血球

酸素運びなら
任せておいて！

寿命は約4か月！
すぐ作り直さなくちゃね

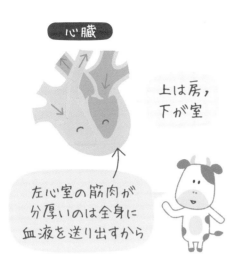

心臓

上は房，下が室

左心室の筋肉が分厚いのは全身に血液を送り出すから

酸素の取り入れ③：心臓の役割

血液に入って，赤血球で受け止めた酸素を，細胞のところまで届けてあげましょう．血液が全身の細胞まで届くように，ポンプの役割をしているのが心臓．上にあるのは心房で，下にあるのは心室です．左右に分けられていますので，心臓は4つの部屋があることになります．全身に血液を送り出すのは，左の下にある左心室．一番力を必要とする部分なので，左心室の筋肉壁が一番分厚くなっていますよ！　心臓の筋肉が特殊な筋肉「心筋」でできていることも覚えてしまいましょう．

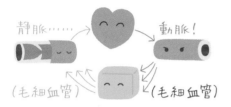

静脈······　動脈！

（毛細血管）　（毛細血管）

酸素と栄養来た！

これが基本！動脈は動脈血　静脈は静脈血！

循環器系

心臓が押し出した血液が全身の細胞のすぐそばまで行き，血液中の酸素やグルコースなどの栄養分を細胞に届けます．そして細胞から出た二酸化炭素や老廃物を回収して，また心臓まで戻ってきます．心臓から出ていく血液が通る血管（通路）が動脈，心臓へ戻る血液が通る血管が静脈です．細胞のすぐそばまで行くのは，毛細血管の役割ですね．

動脈は心臓から押し出されたばかりの勢いある血液が流れるので血管壁が分厚く，静脈は下半身からでも心臓に血液が戻れるように逆流防止の弁がついています．動脈を流れるのは酸素の多い動脈血，静脈を流れるのは酸素の少ない静脈血であることが多いのですが…この組み合わせが，逆になることがあります．心臓から肺に向かう肺動脈と，肺から心臓に戻る肺静脈ですね．「肺は肺胞でガス交換」することを思い出せれば，理由もわかりますね！

＊

以上「消化器系の一部」と「呼吸器系と循環器系」の簡単なまとめでした．役割分担の意味と必要性，関係性がわかってきましたよね．そこまで理解が進んだなら，次は内分泌系・神経系のおはなしです．これまたできる限り，簡単に説明しますので，体全体との関連性を常に意識してくださいね．

肺

肺動脈！　拡大　肺静脈······

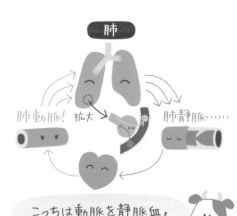

こっちは動脈を静脈血，静脈を動脈血が流れてるね！

心臓に血液を届ける血管のおはなし

心臓の役目がわかったので「心臓が止まると死んでしまう」意味が理解できましたね.

呼吸をして酸素を血液に取り込んでも、心臓がポンプとして働いてくれないと全身細胞に酸素が届きません. 酸素がないと、できるATPが激減してしまうので、細胞が働けず（本来の役目を果たせず）死んでしまうからでした. それは心臓の筋肉（心筋）も同じこと. だから、心筋に血液を届ける血管（特に動脈血を届ける動脈）は責任重大です.

心臓にも血液を
ちゃんと届けて！

心筋に血液を届ける動脈はまとめて「冠動脈（冠状動脈）」. 冠のように心臓上部に載っているイメージです. 心臓の右側に向かうのは右冠動脈. 心臓の左側に向かう動脈（左冠動脈）は枝分かれして、上部を囲む左回旋枝と心室周囲へ向かう左前下行枝になりますよ.

右冠動脈　左回旋枝　左前下行枝

担当範囲に重なり（吻合）がないことに注意して！

そんな重要な血管なのに、お互いの担当範囲に重なりがありません. 血管どうしがつながる「吻合」がないのですね. だから特定の冠動脈が変になる（たとえば「詰まる」、「出血する」）と、担当範囲の心筋に血液が届かなくなってしまいます. 心臓の血管障害は、ヒトの生命を左右してしまいますよ！

これからの学習で「心疾患（特に虚血性心疾患）」の文字を見たら、「あ！　全身細胞に酸素が届かなくなるから、生命の危険だ！」と思い出してくださいね.

MEMO

4章

内分泌系と神経系：
守るためには指揮命令

神経系と内分泌系（ホルモン）のおはなしに入ります．ここも，本来なら1冊の本ができるくらいの分量がある分野．全部をおはなしすることはできませんから，大事なところだけを，できるだけ簡単にまとめます．前半がホルモンについて，後半が神経についてのおはなしです．

✦ 内分泌系（ホルモン）

内分泌とは

ホルモン

・微量で，全身の組織・器官に作用する

・体内で合成される有機物

血液にのって流れるよ！

そもそも内分泌とは何でしょうか．内分泌とは，「分泌物が血中に放出されて遠くの組織や器官に作用すること」です．ホルモンとは，内分泌で「分泌される物質」のことです．ホルモンが出ることで，全身の組織・器官がコントロールされているのです．「微量で全身に働く」という意味では，ビタミンやミネラルと似ているところはあります．でもホルモンは有機物という点でミネラルとは違いますし，同じ有機物でも体内で作れるという点でビタミンとも違います．もしホルモンを作るところがおかしくなってしまうと，全身に悪影響が出てしまう原因になります．

神経も組織や器官をコントロールしますが，ホルモンは血液にのって流れていくという点で，神経とは違います．神経は情報を伝える「線」のようなもの．切れてしまったら，そこから先には情報が伝わりません．

ホルモンと恒常性

体温

酵素には至適温度があるよ！

酵素がないとATPが作れない
消化器系も，呼吸器系も，
循環器系も……みんなATPが必要

ホメオスタシス（恒常性）

ホルモンはなぜ必要なのか．それはホメオスタシス（身体の恒常性）を守るためです．

一番イメージしやすい例は，体温．夏の30℃超えの日も冬の氷点下の日も，私たちの体の中（体温）はほぼ一定に保たれています．体温をほぼ一定に保つことができないと，酵素の至適温度から外れてしまいます．酵素がうまく働けないと，消化吸収ができずATPを作ることができません．

消化器系も，呼吸器系も循環器系も，器官系がちゃんと働いて細胞（個体）が生きていく大前提には，「体温の恒常性」があったのです．他にも守らなくてはいけない恒常性はたくさんあります．これら恒常性を守るために，ホルモンは細やかな分泌調節が必要なのです．

恒常性とフィードバック

恒常性を守る基本システム「フィードバック」を理解しましょう．フィードバックには行動のきっかけがあり，そのきっかけと同じ方向に（分泌が強化される）ものが正のフィードバック，また最初のきっかけと逆方向に働く（分泌はむしろ抑制される）ものが負のフィードバックです．

…言葉だけだとわかりにくいので，具体例を紹介しましょう．暑い日に，エアコンの冷房のスイッチを入れたとしましょう．一発でちょうどいい温度になったら，すっごくラッキー！　たいてい，「まだ暑い…」か「寒い！」になってしまいます．

「まだ暑い…」ときに設定温度を下げることは，「行動のきっかけ（暑い）」と同じ方向に働いています．これが正のフィードバックです．「寒い！」ときに設定温度を上げるかスイッチを切ることは，「行動のきっかけ（暑い）」と逆方向に働いていますね．これが負のフィードバックです．恒常性を保つのは主に負のフィードバック．ヒト体内の「正のフィードバック」の例は「LHサージ」を覚えておいてください．「サージ」というのは，急に分泌量が増えること．LHというのは，黄体形成ホルモンのこと．女性の排卵（卵巣から卵子が飛び出ること）のきっかけになるのが，LHサージです．他の科目で「LHサージ」の文字をみたら，「おっ！　珍しい，正のフィードバックだ！」と思い出してくださいね．

暑いからエアコン付けよう（きっかけ）

まだ暑いから温度を下げるのはきっかけと同じ方向だから，正のフィードバック

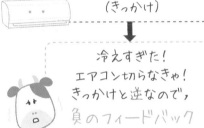

暑いからエアコン付けよう（きっかけ）

冷えすぎた！エアコン切らなきゃ！きっかけと逆なので，負のフィードバック

💡 ホルモンと恒常性，フィードバック

細胞の作ったATPがカロリー（熱）になるんだね！

ホメオスタシスとフィードバックの意味・重要性がわかりました．体の中のフィードバックの具体例を確認していきましょう．ここでおはなしするのは，「代謝」のフィードバックです．

ホルモンによる代謝のコントロール

代謝については1章でおはなししましたよね．細胞レベルでいうなら「1つのグルコースからATPを取り出す」おはなしです．ヒトという個体レベルなら，「主に糖質からATPを取り出し，筋収縮等を経て体温を保つ」おはなしになります．

基礎代謝というのは，横になっている（一番エネルギー消費が少なくて

済む）状態で1日に必要になるエネルギー量のこと．基礎代謝の単位はキロカロリー（kcal）なので，細胞の作るATPとつながっていることがわかりにくいのが難点ですね．でも，もとをたどれば細胞の作るATPが基礎代謝のもと．基礎代謝のうち，約60〜70％が体温維持に使われています．体温の恒常性維持，いかに大変で大切な仕事かわかりますね．

代謝に関わるホルモンの流れ

体温の恒常性の土台にある「代謝」を直接コントロールしているのは，のどの甲状腺から出るホルモンです．甲状腺から出るホルモンは，頭のど真ん中付近にある下垂体ホルモンのコントロールを受けます．

さらに下垂体は，下垂体の斜め上にある視床下部ホルモンのコントロールを受ける立場にあります．この複雑なコントロールの理由は，視床下部が全身のホルモンを指揮命令する立場にあるから．視床下部が直接個々のホルモン産生地点に命令を出していたのでは，あまりの忙しさに十分な指揮命令ができません．だから，視床下部は「代謝のことは下垂体に任せよう」と甲状腺刺激ホルモン放出ホルモン（TRH）を出して，下垂体に対して命令します．下垂体も複数のところに指示を出しています．

甲状腺刺激ホルモン（TSH）が，甲状腺に個別の命令を出す係．甲状腺刺激ホルモンの指示が出て，甲状腺に細かい指揮命令が出されます．それを受けて，「代謝」をコントロールする甲状腺ホルモンが出るのです．

具体的なコントロールを確認してみましょう．

何らかの原因で代謝が下がったとします．このままでは体温を保つことができません．その情報を受け取った視床下部が「ちょっと甲状腺に頼んでおいて」と下垂体に指示します．下垂体は「甲状腺，代謝を上げといてよ」と甲状腺に指示．甲状腺から代謝をコントロールするホルモン（トリヨードチロニンやチロキシン）が出て，代謝が上がります．

…でも，これだけではいつまでも甲状腺ホルモンが出続けることになります．代謝が上がり続けるということは，必要もなくグルコースからATPが作られ続けるということです．グルコースの無駄遣いですね．さらに過剰なATPの行く末は，体温上がりすぎの多汗や頻脈・動悸…よろしくない状態ですね．だから甲状腺ホルモンが十分に出て代謝が上がったなら，「もうストップしていいよ」と下垂体に指示する必要があります．

そこで，たくさん出た甲状腺ホルモン自身が，視床下部や下垂体に「こんなに出たからもういいよね？」とストップをかけに行きます．この「ストップをかける行動」は，最初のきっかけと逆向きの働きですから，「負のフィードバック」ですね．ストップを受けた視床下部と下垂体は，甲状腺に出していた，ホルモン分泌要請を中止します．そうすれば甲状腺から

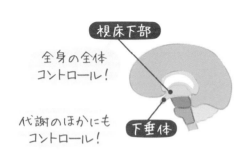

視床下部

全身の全体コントロール！

代謝のほかにもコントロール！

下垂体

甲状腺

代謝の担当だよ！

関係性，いいかな？

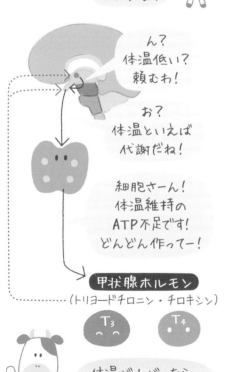

ん？体温低い？頼むわ！

お？体温といえば代謝だね！

細胞さーん！体温維持のATP不足です！どんどん作ってー！

甲状腺ホルモン
（トリヨードチロニン・チロキシン）

T_3 T_4

体温が上がったら，「‥‥➡」で負のフィードバックだね！

「一定量」だと各種変化に
対応できないのか……
だから フィードバック で
恒常性 を維持するんだね!

甲状腺ホルモンの分泌が減り，代謝の恒常性は保たれるのです．

「そんな面倒なことしないで，最初から一定の甲状腺ホルモンが出るようにしておけばいいのに」と思うかもしれません．でも，夏と冬で体温を保つために必要なエネルギー量は異なります．さらに同じ季節・気候でも，一日横になって過ごす基礎代謝と，立ち座り運動する活動代謝は異なります．活動（筋収縮）するためにはATPが必要ですから，活動しているときには「代謝」を上げなくてはなりませんね．こう考えると，「一定量の甲状腺ホルモン」では，「代謝」の機能が果たせなくなってしまいます．視床下部，下垂体，甲状腺が負のフィードバックを用いて「代謝」の恒常性を守る必要性とその理由．もうわかってくれましたよね．

💡 重要なホルモンの産生場所

代謝のコントロールで，視床下部，下垂体，甲状腺からホルモンが出ていることがわかりました．他のところからもホルモンは出ています．ここでは，重要なところだけにしぼって紹介しますね．

膵臓

膵臓は3章で確認したように消化酵素の産生場所です．さらにインシュリンやグルカゴンといったホルモンの産生場所でもあります．だから外分泌器官でもあり，内分泌器官でもありますね．

実は，膵臓の約95％は外分泌器官としての構造です．内分泌器官である残りの約5％は，まるで大海に浮かぶ小島のように小さくまとまっています．だから内分泌構造部分は「ランゲルハンス島」とよばれます．グルカゴンはランゲルハンス島A細胞産生，インシュリンはランゲルハンス島B細胞産生です．これらの名称の組み合わせも問われる機会が多いので，覚えちゃってくださいね．グルカゴンは血糖値を上げるホルモン，インシュリンは血糖値を下げるただ1つのホルモンですよ．

膵臓

外分泌担当（95％）
（糖）
アミラーゼ
（タンパク質）
トリプシン
（脂質）
リパーゼ

内分泌担当
ランゲルハンス島（5％）
（A細胞）
グルカゴン
（B細胞）
インシュリン

消化酵素たくさん！

副腎
糖質コルチコイド
血糖値上げて
抗炎症

鉱質コルチコイド
血液のミネラル！

髄質
アドレナリン
血糖値上げて
興奮モード！

皮質ホルモンは
全部脂質由来！
ちゃんと食べなきゃ！

副腎

　副腎の場所は腎臓の上です．腎臓は尿を作るところ．その上にベレー帽のようにのっているのが副腎です．副腎は表面側の皮質，内側の髄質のどちらからもホルモンが出ます．表面側の皮質から出るホルモンは炎症を抑え血糖値を上げる「糖質コルチコイド」と，血液中のミネラル濃度を調節する「鉱質コルチコイド」です．髄質から出るアドレナリンと合わせて，どれも大事なホルモンです．

　副腎皮質から出るホルモンは，脂質をもとにして作られています．ダイエット等で変な食生活をして油分を取らないと，副腎から出るホルモンが作れなくなってしまいます．バランス良い食生活の重要性，常に意識しないとだめですよ！

◆ 神経系

　ここからは後半の，神経系についてのおはなしです．

💡 神経系の役割分担

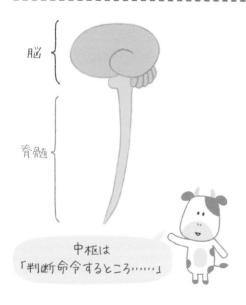

脳

脊髄

中枢は
「判断命令するところ……」

　神経系は「情報を伝える専門」と「判断命令の専門」に分担されています．「判断命令の専門」の部分は，「中枢」とよびますね．中枢にあたるのは，頭の中にある脳と背骨の中にある脊髄だけです．ただ，脊髄のメインのお仕事は「情報を伝える」こと．「特定の情報に対する決め打ち命令（反射）」に対してだけ，脊髄は中枢として働きます．ヒトのように中枢を作り，神経細胞が集中しているものが「中枢神経系」．イソギンチャクのように「全身で」まんべんなく情報判断が「散在神経系」です．

　中枢以外の神経は「情報を伝える」末梢神経．ここには運動神経や感覚神経，自律神経が含まれます．運動神経は筋肉に収縮命令を伝える神経で，感覚神経は視覚・聴覚に代表される感覚を伝える神経です．自律神経については少し説明が必要なので，先にこれら神経系に共通する「神経細胞」についてみてしまいましょう．

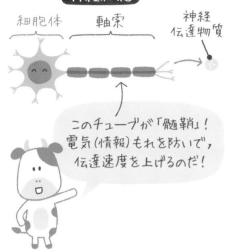

神経系を担当する細胞は，神経細胞．役目を果たすために，すごく特徴的な形をしています．でっぱりがたくさん出ている細胞体があり，そこからケーブルのような軸索が出ています．ケーブルの先端はばらけた筆先のような部分があり，そこから隣の細胞に情報を伝えるボール（神経伝達物質）を投げています．

髄鞘

軸索の周りは，チューブのような髄鞘に包まれています．これ「情報を伝える」うえでとても大事な構造です．情報は細胞の中を電気の形で伝わります．電気は裸の線の中を流れると，一部が外に流れ出ていってしまいます．これでは最終的に伝わる情報量が減るだけでなく，周囲の細胞が感電してしまいよろしくありません．だから，軸索の周りを「電気を通さないチューブ（髄鞘）」で包んでいるのです．これならば外に流れ出る情報はなく，他の細胞が感電することはありません．しかも軸索を髄鞘で覆った神経細胞は，情報の快速運転ともいえる跳躍伝導ができます．情報は減らず，早く届く…髄鞘があれば怖いものなしですね．

神経伝達物質

1つの細胞の中の情報伝達は「電気」ですが，他の細胞との情報伝達には「神経伝達物質」を使います．ボールを投げて，隣の細胞体に受け取ってもらうことで情報を伝えるのです．

と，いうことは…神経伝達物質が足りなくなると，情報が伝わらなくなってしまいます．特に精神看護の分野で出てくる「モノアミン」とよばれる，一群の神経伝達物質が大事ですよ！

◆ 自律神経

呼吸のすべてを
意図的に判断してたら，
眠ることすらできないんだ！
（だから自律神経は
大事なんだね！）

本書は，あくまで生物の本なので．脳の複雑な情報処理・指揮命令まではとても説明することはできません．だから，脳による判断を必要としない（無意識の），指揮命令の一部についてできるだけ簡単に説明しますね．「自律神経入門」についてのおはなしです．

自律神経というのは「自ら，律する」神経．意識的に命令せずとも，勝手にコントロールしてくれる神経です．勝手にコントロールできる理由は，情報に対する決め打ち行動．「この情報が来たなら，こう命令するぞ！」と決めているから，自分の頭で考えて命令をする必要がないのです．この自律神経がないと，意識しなければ呼吸ができず，消化管を動かすこともできません．おちおち眠っていることすらできなくなってしまいます．「生物が生きる」ことを，自律神経が支えてくれているのです．

大事な自律神経は交感神経系と副交感神経系に分けられます．交感神経系は活動時の興奮モードの，副交感神経系は休息時のリラックスモードの担当です．後のホルモンの血糖値維持のところで，直通電話の名前として出てきますよ．

そしてこれら2つのモードは，完全なオン・オフの切り替えではなくて，「どちらが優位か（強く働いているか）」で決まります．交感神経系は日中活動時間帯に優位になって，副交感神経系が睡眠時間帯に優位になってくれれば，「よく動き，よく休める」状態です．この優位スイッチの切り替えが上手くいかないと，夜に眠れず昼に眠い…という困った状態になってしまいます．ストレスの多い近年の社会環境下では，優位スイッチ切り替えがうまくいかない「自律神経障害」が出てしまう人が増えていますね．

「交感神経と副交感神経は何から何まで正反対？」そんなことはありません．どこが同じでどこが違うのか，少し詳しくみてみましょう．

交感神経系

興奮モードだ！
活動中はこっちだな！

副交感神経系

リラックスモード……
眠るときはこちら……

💡 交感神経系と副交感神経系の違い

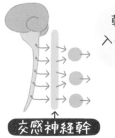

幹に入って，節に
入るのが交感神経の
ルートだ！

交感神経系と副交感神経系の違い①：ルート

まずは通るルートについて．

交感神経系は脊髄から出て，すぐに交感神経幹に入ります．それから行先ごとに神経節に入り，その後それぞれの担当器官へ向かっていきます．副交感神経系は脊髄から出たら，いきなり神経節に入り，すぐにそれぞれの担当器官に向かっていきます．「交感神経は幹に入り，副交感神経は入らない」．これが大きな違いですね．これは「副交感神経系は担当器官の

交感神経幹

副交感神経は……
節しか通らない……

迷走神経
（消化管担当）

消化管を担当する
迷走神経は大事！

近くから出ているから，中継地点が少ない」と考えればオーケー．

そんな副交感神経系の担当を確認しておきましょう．頭と首の担当は，中脳から出る動眼神経と延髄から出る舌下神経．消化管の担当は，延髄から出る迷走神経．泌尿器・肛門の担当は，仙髄（脊髄のうち腰の下の方）の「骨盤神経叢」です．

このうち特に重要なのは，消化管に対する命令です．副交感神経系優位のリラックスモード中は，消化器系にとってはフルパワーの活動タイムですからね．消化管の副交感神経担当は，迷走神経とよばれる第10脳神経．良く試験に出る神経でもあります．せっかくです，今のうちに覚えてしまいましょう．

交感神経系と副交感神経系の違い②：神経伝達物質

次に，神経伝達物質について．

交感神経系と副交感神経系は，途中までアセチルコリンという同じ神経伝達物質を使っています．先ほど名前が出たモノアミンの1人です．交感神経系がアセチルコリンを使うのは神経節まで．そこから先は，アドレナリンやノルアドレナリンという神経伝達物質に交代です．副交感神経系は最初から最後までアセチルコリンが情報を伝えます．

同じアセチルコリンを使うのに，真逆の働きを担当するのは変な感じですか？　情報の伝わり方というのは，受け止め方（受容体）によって変わってきます．

神経節

器官

「→」のところは
どちらもアセチルコリンで
伝えるよ！

たとえば，交感神経系の受容体にはα1，β1，β2があります．交感神経系優位は，興奮・活動モードでしたね．β1がアドレナリンを受け止めると，心臓機能が亢進されます．ドキドキ…心臓が早くしっかり動いて全身に血液を送り出します．

β2がアドレナリンを受け止めると，気管支と血管が拡張します．空気の通り道を広げて，酸素をたくさん肺胞に届けられるようにしていますね．そして酸素をたくさん含んだ血液を早く届けるため血管を広げるのですが…血管を広げすぎると，血圧が下がって逆に血液を届けられなくなってしまいます．

β1　心臓ドキドキ！

β2　血管広がれ！

α1　……少し血管
収縮させとく？

受け止め方で
働きが変わるんだね！

そこでα1受容体．α1がアドレナリンを受け止めると，血管を収縮させます．適度に血管を収縮させて，ちゃんと興奮・活動に適した状態を作り上げているのです．

ニコチン　アセチルコリン

どちらもはまるよ！　ぼくは
「ニコチン性アセチルコリン受容体」

はまるものが違っても
同じ働きが出ることが
あるんだね

副交感神経系の受容体もたくさん種類があります．ムスカリン性アセチルコリン受容体とニコチン性アセチルコリン受容体がありますよ．

なお，受容体にはまり込むものは1対1対応ではありません．たとえば，ニコチン性アセチルコリン受容体には，アセチルコリンもニコチンもはまります．どちらがはまっても，副交感神経系の受容体が受け止めましたから，休息・リラックスに適した状態に向かっていきます．「タバコを吸うとリラックスする」という人がいるのは，タバコの中のニコチンが，ニコチン性アセチルコリン受容体にはまったせいです．

ちなみにムスカリンというのは毒キノコ（ベニテングタケ）の毒ですよ．ムスカリンが受容体にはまると，副交感神経系作用が強く出ます．腹痛・嘔吐・下痢等の消化器系亢進症状が出るのは，このためです．

💡 ホルモン（と神経系）による血糖値のコントロール

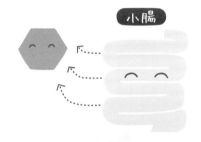

小腸

吸収した糖が
血流に流れ込むから，
血糖値！

これが細胞の
ATPのもとだね！

では，続いて「血糖値」のフィードバックに入りましょう．

「代謝」の前提として，グルコースが必要です．そのグルコースは，主に消化管から吸収された糖質からできたもの．食事のあと，小腸から吸収されたグルコースが血液中に流れ込みます．この血液中グルコース濃度が，血糖値です．

血液中を流れるグルコースが全身の細胞のもとに届き，取り込まれるので，細胞はATPを作ることができます．ということは，血液中を流れるグルコースが不足したら，細胞は思うようにATPを作ることができません．血液中グルコース濃度（血糖値）がいかに重要かわかりますね．だから，ホルモンは血糖値の恒常性も守る必要があります．

視床下部が血糖値情報を受け取るところまでは，先ほどの「代謝」のおはなしと共通です．今度はホルモンと神経の共同作業のおはなしになります．血糖値の維持にはたくさんのホルモンが関係していますが，ここでは膵臓から出るホルモンと副腎髄質ホルモンで説明しますよ．具体的にどうなるのかというと，血糖値情報を受け取るところに「膵臓」が追加され，ホルモンの分泌器官が膵臓と副腎髄質の2か所になります．さらに自律神経系の直通電話も追加されます．

血糖値が上がった時

では，具体的に見ていきましょう．まず，血液中のグルコース濃度は一定範囲内に保たれているのがいい状態．食事をした後は，食べ物に含まれていたグルコースが小腸から吸収され，血液中グルコース濃度（血糖値）が上がります．この血糖値情報を受け取るのは視床下部と膵臓．視床下部は「お！　こんなに血糖あるなら，細胞に取り込ませても大丈夫そう！　膵臓，号令出しといてくれる？」と膵臓に直通電話をかけます．この直通電話は自律神経のうち副交感神経です．

直通電話を受け取った膵臓はインシュリン（インスリン）というホルモンを出します．もっとも，膵臓は自分自身で血糖値情報を受け取りますので，直通電話がなくても血糖値が上がるとインシュリンを分泌できます．インシュリンは「血糖値を下げる唯一のホルモン」．看護師国家試験に必ずといっていいほどよく出ますので，今覚えちゃいましょう．インシュリンは血液中のグルコースを細胞に取り込ませる号令をかけるから，血液中のグルコースが少なくなって「血糖値が下がる」のです．

肝臓に対しては「グルコースをグリコーゲンにしておいて！」とお願いします．グリコーゲンというのはグルコースの貯蔵型．糖を保管に適した形にしてとっておくことも，肝臓の仕事です．インシュリンの働きで細胞にグルコースが取り込まれれば，血糖値は下がります．これで，上昇した血糖値は一定範囲内に戻ることができました．

血糖値が下がった時

では，続いて血糖値が下がったときのおはなし．

運動をするにはATPをたくさん必要とします．細胞がどんどんATPを作るために，どんどん血液中の糖を取り込んでいくと…血糖値が保ちたい一定範囲を下回ります．しかも食事はまだ先だ！…なんてときには，また視床下部と膵臓のお仕事です．

視床下部は「血糖値下がっちゃってる！　上げといて！」と交感神経の直通電話で膵臓と副腎髄質にお願いします．ここ，直通電話の名前が変わりました．

直通電話を受けた膵臓は，今度はグルカゴンというホルモンを出します．グルカゴンは血糖値を上げるホルモンの1つ．肝臓に「貯蔵しておいたグリコーゲン，グルコースにして流してよ！」とお願いです．これなら，血液中のグルコース濃度を上げることができます．膵臓は自分でも血糖値が下がってきたことを感じとれるところは，先ほどと同じですね．

もう1つの直通電話を受け取ったところ，副腎髄質．

副腎髄質からは，アドレナリンという血糖値を上げるホルモンが出ます．

これも肝臓に対してはグルカゴンと同じ働きです．グルカゴンとアドレナリンの命令をもとに，肝臓は貯蔵型グリコーゲンを分解してグルコースにします．血液中にグルコースを流していけば…血糖値は一定範囲内に保つことができます．これにて，血中グルコース濃度の恒常性維持，一件落着です．

血糖値維持のおはなしについて，2つ補足しておきます．

1つめは，「グルコースが細胞に取り込まれる」ところについて．血液中にあるグルコースは，号令がなくても細胞の中に入っていきますが…それは必要最低限にとどまります．細胞の中にグルコースがさらに取り込まれるためには，膵臓から出るインシュリンというホルモンが必要です．インシュリンが全身の細胞に「グルコース取り込んでー！」と号令をかけるから，細胞の中にグルコースが取り込まれていくのです．細胞の中にグルコースが取り込まれるということは，血液の中のグルコースが減るということ．つまりインシュリンは「血糖値を下げる」ホルモンです．血糖値を上げるためのホルモンはいくつかありますが，血糖値を下げるホルモンはインシュリンだけです．

「細胞にとって必要最低限のグルコースを血液中に流し続けることは大事だから，複数のホルモンに担当させる」と考えることはできます．でも，それ以上のグルコースを細胞に取り込ませる担当がインシュリン1つしかないことは少し問題です．インシュリンの働きがおかしくなってしまうと，細胞がグルコース不足で困ったことになってしまいます．それが糖尿病につながっていくおはなしですね．

2つめは，肝臓について．肝臓が血糖値維持に重要な役割をしていることはわかりましたよね．肝臓は，人体内の合成・分解・貯蔵工場です．3章の脂質吸収に役立つ胆汁酸を作るのは，「合成」の一例です．同時に，工場としてフルパワーで活動しているため「消費の場」でもあります．

貯蔵型のグリコーゲンをためておく場所は，筋肉と肝臓です．でも筋肉に貯めておいたグリコーゲンは筋肉の収縮用であり，血糖値維持に使えるのは，肝臓に貯めておいたグリコーゲンだけです．貯蔵場所と使い道の違いも，頭に入れておいてくださいね．

*

以上，すごく簡単に自律神経についておはなししました．脳による意識的な動きについては，解剖生理学等で学んでくださいね．

次は，水分・ミネラルについてのおはなしに入りましょう．細胞の対外環境を保つためには避けては通れないところです．神経細胞内の情報伝達に使われる「電気の作り方」も，ミネラルについて学ぶとわかるようになりますからね！

膵臓

グルカゴン　インシュリン

血糖値を下げる
（＝細胞に取り込ませる）
ホルモンは1つだけだよ！

肝臓

合成も分解も
貯蔵も消費も

胆　ぼくの
　　ふるさと

肝臓に貯めてある
グリコーゲンしか
空腹時血糖に使えないよ

糖尿病三大合併症のおはなし

糖尿病はこの先も何回も出てきます．ここでは簡単に，糖尿病のときに体の中で何が起きているのか確認しますよ．

〈糖尿病と血糖〉

糖尿病は空腹時も高血糖で尿に糖が出るもの．その原因は「インシュリンが出ない，または少ない（絶対的な効果不足）」や「インシュリンの号令を細胞が聞いてくれない（相対的な効果不足）」です．どちらにしても，血液中にあるグルコースが細胞内へと取り込まれにくくなります．だから血液中の糖（グルコース）の濃度が下がらない（血糖値が下がらない＝「高血糖」）のですね．

どちらも血液中の糖の濃度が下がらないよね

〈血糖（値）と高血圧〉

「血液中の糖の濃さ」も守りたい恒常性の1つ．少しでも薄めようと水分を取るため，血液が増えて高血圧になります．多すぎる水分は腎臓から尿として体外に出しますが，あまりに血液中の糖が多いと「薄める」も「体外排出」も間に合わずに持続的な高血圧に！　これでは微小な毛細血管が血液の圧力に負けて，本来の役目を果たせなくなってしまうかもしれません．

〈網膜症・腎症〉

目の画像を映すところ（網膜）で起こると，最終的に失明もありうる糖尿病性網膜症．腎臓の糸球体で起こると「尿を作る」作用が害される糖尿病性腎症です．腎臓の「尿を作る」働きについては，この後の5章でおはなししますからね．

毛細血管への悪影響で，腎症や網膜症に！

網膜

〈末梢神経障害〉

さらに，血液中には糖がたくさんあるのに，細胞の中はグルコース不足．これでは酸素があっても細胞の活動に十分なATPを作ることができません．それは困るので脂質からATPを作ると，ATPはたくさんできます．これは化学パートの5章のコラムでおはなししました．

だけど，そのときにたくさんできたアセチルCoAがケトン体に変わるせいで，血液が酸性（アシドーシス）に傾いてしまいます．ケトン体によるアシドーシスなので，「ケトアシドーシス」とよびますよ．この状態でグルコースを分解すると，途中でたくさんのソルビトール（糖の一種）ができます．

細胞内に糖がたくさんあると浸透圧が変化して，水がたくさん細胞内に入り込みますね．たくさん入り込んだ水のせいで，ソルビトールを作った細胞が膨らむ（体積が変わる）だけならばいいのですが，周囲にぎっちりと細胞があるせいで膨らむことができず，「細胞の大きさは変わらずに圧力だけが上がる」と細胞は苦しくてたまりません．これが感覚神経細胞で起こると，何もしていないのに痛みやしびれを感じてしまいます．糖尿病性末梢神経障害ですね．

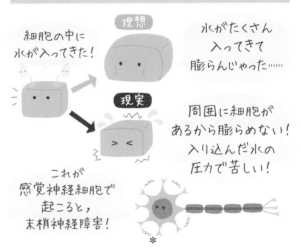

理想　細胞の中に水が入ってきた！

水がたくさん入ってきて膨らんじゃった……

現実

周囲に細胞があるから膨らめない！入り込んだ水の圧力で苦しい！

これが感覚神経細胞で起こると，末梢神経障害！

＊

ここで紹介した，網膜症，腎症，末梢神経障害は糖尿病の三大合併症．糖尿病のときの「細胞の働き」と「恒常性維持」の側面から理解すれば，難しくはないはずですよ．

5章 | 血液・水・ミネラル概論：
たかが水，されど水

ここでは，体の中の水分とミネラルが主役になるおはなしです．ヒトにとって，水分のコントロールはとても大事．主役のおはなしに入るその前に，血液について，概論をまとめてしまいますからね．

✦ 血液

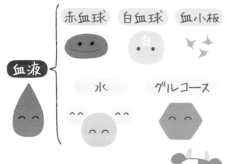

上段の血球より，下段の血漿の方がタいんだね！

血液はけがをしたときに出てくる赤い液体．赤くみえるのは，赤血球というものが含まれているからです．赤血球の役目は3章で説明済みです．血液は「液体」といいましたが，固体成分（血球）と液体成分（血漿）に分けることができます．

固体成分（血球）は酸素を運ぶ赤血球，免疫担当の白血球，止血担当の血小板です．そして，液体成分（血漿）には水と水に溶けるものが含まれます．血糖（血液中の糖）のグルコース，アミノ酸やタンパク質，各種イオン（ミネラル等）が「水に溶けるもの」ですね．そして，液体成分は血液の約55％を占めます．「固体成分（血球）より液体成分（血漿）のほうが多い」．これ，よく問われるところです．しっかり覚えてしまいましょうね．

✦ 水

💡 ヒトの体と水分

水 60%　細胞内 35%　細胞外 25%

細胞質の水分，思い出してくれた？

いよいよ，ヒトの体の水分についてのおはなしがスタートしますよ．

ヒトの体重の，約60％は水分です．体重100kgなら，水分が約60kgですね．これは年齢や性別によって結構変わります．赤ちゃんは約70％が水分で，高齢者は約50～55％が水分です．女性は脂肪が多いので，体重の約55％が水分ですね．そしてこの水分，細胞の外側より内側に多く含まれています．体重100kgの例なら，細胞の内側にある水分は約35kgで，細胞の外側にある水分は約25kgです．「細胞のどこにそんなに水分が…」

と思ったあなた，細胞質のことを思い出してください．細胞質の主成分は水分です．細胞質に含まれるものは水分だけではありませんが，「細胞質の水分が細胞内液だ！」とイメージすればいいですね．

💡 ヒトの体内に「入り，出る」1日あたりの水の量

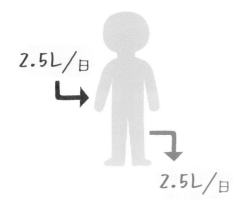

ヒトは飲み物等で水分を取り，尿などで水分を外に出していきます．体の中に入る水分と，体から出ていく水分はつり合いが取れていないといけません．出ていく水が多すぎたら干からびてしまい，入る水が多すぎたら「たぷんたぷん」になってしまいます．1日に体の中に入る水も，出ていく水も，約2.5L．大事なところなので，ちょっと細かく見ていきますよ．

体に入る水として，飲料（の水分）はすぐ頭に浮かびますね．あとは食べ物に含まれる水もあります．水分を含んでいないと，食べ物がパサパサになってしまいますね．さらにエネルギー（ATP）を取り出す異化で，代謝水とよばれる水が出てきます．

グルコースの異化の化学反応式は次の通りでした．

$$C_6H_{12}O_6 + 6O_2 \rightarrow 6CO_2 + 6H_2O + 36ATP$$

入る水と出る水は
つり合っていないと……ね！

ATPだけではなく，二酸化炭素（$6CO_2$）と水（$6H_2O$）ができていることをちゃんと確認できましたね．このような「飲料の水」「食べ物の中の水」「代謝で出る水」全部合わせて約2.5Lが，1日に体の中に入る水です．

逆に体から出ていく水は，尿がすぐ頭に浮かびますね．また便の中にも水分が含まれています．水分不足の便は硬くなりすぎて，体の外に出すのが困難になってしまいます．

💡 不感蒸泄

蒸発するのは
汗だけじゃない！
肺胞からの 不感蒸泄 を
忘れないでね

他にも水分は体の外に逃げていきます．「蒸発」ですね．汗をかいたときの蒸発は，すぐにイメージできますね．でも，汗をかいた自覚がなくても体の表面から水分は逃げていきます．これを「不感蒸泄」といいます．肺胞からの不感蒸泄が代表的です．酸素と二酸化炭素を交換する肺胞の表面からも，呼吸のたびに水分が体の外に逃げ出していますよ．このように「尿の水分」「便の水分」「蒸発していく水分」全部合わせて約2.5Lが，1日に体から出ていく水分です．

　夏バテして水分がぶ飲み…なんてことにならない限り，体の中に入る水分はある程度決まっています．体の中に入る水と出ていく水のバランスをとるとき，一番調節しやすいのが「尿で出す水分」です．尿を作るのは腎臓の役目．腎臓は血液をろ過して原尿を作り，原尿からまだ体で使える水分等を再吸収して尿を作ります．

ろ過

　「ろ過」するところは毛細血管からできた糸球体と，受け止めるところボーマン嚢．「再吸収」するところは尿細管ですね．再吸収というひと手間がありますが，これは大事なところ．体の外に出したいもの（老廃物）を押し流すには，ある程度の水分が必要です．ぎりぎりの水分量で尿を作っていては，「水分を捨てたくない！」というときに老廃物を捨てきれない困ったことになります．しかも毛細血管からできている糸球体は「ざる」のようなもの．必要最小限しかこしとらないような細かい「ざるの目」では，詰まってしまう危険があります．…詰まっても，交換できませんからね．だから大まかにろ過して，再吸収で細やかな調節です．

再吸収におけるホルモンの働き

　再吸収による「細やかな調節」ではホルモンが働いてくれています．尿で出す水分量を調節するのは，バソプレッシンとアルドステロン．バソプレッシンは下垂体後葉から出るホルモンで，アルドステロンは副腎皮質から出るホルモンです．どちらも尿量に関係していますが，量に直接関係するのは抗利尿ホルモンともいわれるバソプレッシン．「利尿」というのは尿を出させることです．それに「抗う」の文字が付いた「抗利尿」ですから，バソプレッシンが出ると尿量が減ります．アルドステロンは何をしているのかというと，血液中のミネラル（イオン等）を主に調節しています．

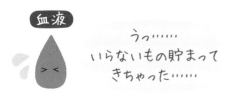

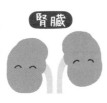

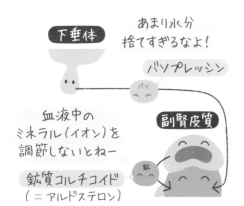

💡 血液中カリウム濃度

アルドステロン

血液中は「細胞外」！
血中カリウム濃度が高いと
ダメなこと，わかるよな！

血圧を上げる呪文を覚えよう
「レニン・アンギオテンシン・
アルドステロン系」だ！

ミネラルと聞いたら，まず意識してほしいのが血液中カリウム濃度です．血液中カリウム濃度は，細胞の中より低くなければいけません．ミネラルの勉強をすると，「ナトリウム（イオン）（Na^+）は細胞の外側に多い，カリウム（イオン）（K^+）は細胞の内側に多い．」これは必ず覚えることになるはずです．

では，どうしてこれを覚えなくちゃいけないのでしょうか．これが守られていないと，細胞はうまく電気を作ることができないのです．電気は神経細胞の細胞内情報伝達の形でしたね．そして（運動）神経細胞が筋肉に収縮命令を伝える形でもあります．カリウムの血液中濃度が高くなってしまうと，神経の情報は伝わらず，筋肉が収縮しないことになります．端的にいうなら，心臓が止まってしまいます．「高カリウム血症は，心停止の危険サイン！」なのです．

アルドステロンの血液中カリウム濃度調節で忘れてはいけないのは，「レニン・アンギオテンシン・アルドステロン系」という言葉．この「呪文」は，血圧を上げるために唱えます．レニン・アンギオテンシン・アルドステロンが働くと，血圧が上がるのです．そして血圧を上げながら，アルドステロンが血液中カリウムを尿へと捨ててくれますよ．

ここで，細胞の電気の作り方について，できるだけ簡単に説明しましょう．ここがわかれば「だからナトリウムイオン（Na^+）は細胞の外側に，カリウムイオン（K^+）は細胞の内側に多くないといけないんだ！」と覚える必要性が理解できます．

💡 血液，細胞，電位

チャネル

決まった
イオン専用のすべり台

すべり台の高さは，
濃度の差！

血液中カリウム濃度について理解するために，まずはチャネルとポンプについて学びましょう．

チャネルというのは，細胞膜にある決まったイオンだけが滑れるすべり台のようなもの．イオンは濃度が濃い方から薄い方に流れていきます．「カリウムチャネル」とあったら，カリウムイオン（K^+）だけが滑れるすべり台ですね．チャネルの多くは出入り口に蓋があって使えないときがありますが，カリウムチャネルはいつも開いています．

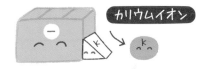

ぼくはプラス

プラスが常に
外に出ていくから、
細胞の中は
マイナスが基本

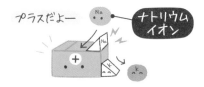

電気来たら
ナトリウムチャネル開いた！
プラスが入ってきたから
細胞内がプラスになったぞ！

細胞内がプラスになったら
ナトリウムチャネル閉じて
カルシウムチャネルが開いて……

カルシウムイオンが入り込まなくなると
細胞内がマイナスに！これで一周！

だから，細胞の中にたくさん含まれる（細胞内濃度が高い）カリウムイオン（K⁺）は，常に細胞の外へと流れ出していきます．カリウムイオン（K⁺）はプラスの電気を帯びているので，細胞の中から外にプラスが出ていく結果，細胞の中はマイナスに傾きます．「細胞の静止膜電位はマイナス」と書いてあるのはこのことです．

また，カリウムイオン（K⁺）が細胞内に多くなるように頑張っているのが「ナトリウムカリウムポンプ」です．細胞の中にあるナトリウムイオン（Na⁺）を細胞の外にかき出し，細胞の外にあるカリウムイオン（K⁺）を細胞内へとかき込んでいます．ポンプである以上，動くためのエネルギー（ATP）が必要です．ポンプやチャネルは，細胞膜に埋まっている膜タンパク質ですよ．

細胞の初期状態は，細胞内部がマイナスに傾いた状態でした．ここに電気刺激が来ると，ナトリウムチャネルが開きます．ナトリウムは細胞外に多く含まれています（細胞外濃度が高い）から，細胞の外から中にナトリウムイオン（Na⁺）が流れ込みます．ナトリウムイオン（Na⁺）が勢いよく細胞の中に入ってくるため，細胞内はプラスになります．

細胞内がプラスになるとナトリウムチャネルは閉まり，カルシウムチャネルが開くようになります．カルシウムもプラスを帯びたイオンですが，細胞内外の差はあまり多くありません．細胞の外の方がカルシウム濃度が高いため，細胞の外から中にカルシウムイオン（Ca⁺）が流れ込みますが…緩やかな流れ込みなので細胞内は一定のプラス度合いを保ったままです．

そうこうしているうちに細胞内外のカルシウムの濃度差がなくなってきます．チャネルの蓋は開いているのに，傾きがなくて滑れない状態です．カルシウムイオン（Ca⁺）の流れ込みが止まると，ずっと開きっぱなしのカリウムチャネルのせいで細胞内はマイナスに戻ります．

細胞内の電位が一周，しましたね．細胞の中が「マイナス→プラス→マイナス」と変化しました．これが「細胞が電気を作る」ということ．神経細胞の細胞内情報伝達であり，神経細胞が筋肉細胞に刺激（収縮命令）を伝えるということです．だから，神経が情報を伝え，筋肉が収縮するためには「細胞外にナトリウムイオン（Na⁺）とカルシウムイオン（Ca⁺）が多く，細胞内にカリウムイオン（K⁺）が多い」ことが必要なのです．細胞外（血液）のカリウムイオン（K⁺）調節をしてくれるアルドステロンの重要性，しっかり再確認できましたよね．

💡 体内の水分とpH

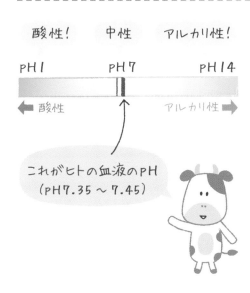

酸性！　　中性　　アルカリ性！

PH1　　　　PH7　　　　PH14

← 酸性　　　　　　アルカリ性 →

これがヒトの血液のpH
（PH7.35 ～ 7.45）

体内水分量のバランスを保つ（水分のホメオスタシスを保つ）ことはとても大事．同様に，恒常性を守る必要があるものにpHがあります．

pHというのは，酸性度合い・アルカリ性度合いのことだと，化学パートの4章で学習しました．pH7がどちらでもない中性．これより数字が小さいと酸性，数字が大きいとアルカリ性です．ヒトの血液はpH7.40±0.05（7.35～7.45）ですから，弱アルカリ性ですね．このわずかな幅が正常域．

pH7.40±0.05（7.35～7.45）より酸性側（数字の小さい側）に傾くとアシドーシス，そしてアルカリ性側（数字の大きい側）に傾くとアルカローシスという異常状態です．あまりに正常域から離れると，ヒトは死んでしまいます．しかも，日常的によく起こる下痢や嘔吐でさえも血液のpHを動かしてしまいます．そこで，血液のpHを守る，肺と腎臓の出番です．

血液のpHを守る①：肺の役割

肺は水（血液や細胞内液）に溶けて酸性を示す二酸化炭素を吐き出すところ．二酸化炭素の排出量で，肺は血液のpHをコントロールしています．肺の二酸化炭素コントロールがうまくいかなくて血液のpHのバランスが崩れると，「呼吸性」の文字が頭に付きます．たとえば，窒息状態は肺から二酸化炭素をうまく吐き出せません．血液中の二酸化炭素を吐き出せず，血液が酸性に傾いたものが「呼吸性アシドーシス」です．

肺

二酸化炭素で
コントロール！
呼吸性 が付くよ

腎臓

代謝性 の主原因
でも「100%」では
ないからね！

血液のpHを守る②：腎臓の役割

腎臓は水に溶けて酸性を示す水素イオン（H^+）と，水に溶けてアルカリ性を示す重炭酸イオン（HCO_3^-）で血液のpHをコントロールします．この2つのイオンの両方を，原尿から血液に再吸収する量でコントロールしていますよ．こんな腎臓のせいで血液のpHのバランスが崩れると，「代謝性」の文字が頭に付くのですが…．実は，「代謝性」の原因は，腎臓に限定されません．肺以外が原因で血液のpHが崩れたら，すべて「代謝性」です．間違えやすい所なので，注意してくださいね．

血液のpHを守ることは生きるために大事．もちろん，血液が体の外に出ていかないようにすることも，同じくらい大事です．ここで働くのが血小板．血小板は止血作用（かさぶたを作って出血を止める）がありますが，血小板だけでは血は止まりません．

血小板

ビタミンkやカルシウム，
血液凝固因子がないと
血が止まらないよ！

からめとる フィブリン が
できないからだね！

血小板を絡めとるフィブリンというひも（線）を作らないといけません．フィブリンができるためには，ビタミンK，カルシウム，血液凝固因子が

必要です．フィブリンと血小板が絡み合ったものが「血餅」．ぺたぺたした赤い餅のような状態です．これが血管の傷にはりついて，固まると「かさぶた」です．かさぶたができると，出血は止まります．これが「止血」で，「血液凝固」の仕組みです．

　なお，血管の傷が治れば，かさぶたは用なしです．このときには「線溶」というかさぶた溶かし作用が働きます．線を溶かす…フィブリンを分解して，血小板をほどいてあげるのですね．

★ その他の体内のさまざまな「水」

細胞外液？
「血液のこと」じゃ
ないの？

組織をみたす組織液と
リンパ液も忘れないで！

　血液のpHの守りかたと血液流出を防ぐ止血について学びました．ここで，体内の水分分布を思い出してみましょう．「細胞外液は，細胞内液より少ない」ということはいいですね．では，細胞外液とは何でしょう？血液は細胞の外にありますから，細胞外液ですね．

　でも，それだけではありません．血液の成分は，毛細血管壁の隙間からじわじわと細胞のほうへ染み出していきます．これが組織液．文字通り，組織を満たす液体です．組織というのは，同じ働き（役目）をもった細胞どうしが集まったもの．細胞の役割分担については，3章でおはなししましたね．組織液は酸素やグルコース等の栄養分を細胞のところまで届けに行きます．細胞は代謝でできた二酸化炭素や老廃物を組織液に渡します．あとは血管内に組織液が戻れば，細胞の内部環境維持はうまくいきそうです．

　組織液がリンパ管に流れ込むと，リンパ液になります．「リンパ」というのは，組織の水分量調節と，免疫（身体防御），脂質輸送を担当するところ．脂質の吸収にひと手間必要なことも3章でおはなし済み．体の中に取り込んだ後も，運搬にはさらにひと手間必要です．そこで役立つのが「リンパ系」ですよ．なお，免疫（身体防御）は，6章の話題になりますからね．

　細胞周囲の水分量を調節するとき，リンパ系は側溝のような役目を果たします．普段は，側溝に水は流れません．ただの「道路わきの凹みだ」ぐらいの存在です．でも大雨が降ると側溝に水が流れ込み，周囲が水浸しになるのを防ぎます．

　細胞の周りに水分が多くなってきたとき，余った水分が流れ込むところがリンパ管です．リンパ管の図を見たとき，全部がつながった管の形をせず，途中から出てきているように見えるのはこのためです．

＊

　以上，水分とイオンに注目しておはなししてきました．細胞の環境を守

側溝のゴミさらいは
リンパ球の大事なお仕事だ！
免疫のおはなし，スタートだね！

るために，いろいろな働きがありましたね．これらの働きを理解したなら，「たかが水分やイオン」なんていえませんよ．

さて，側溝にはゴミ（落ち葉等）が入り込みます．放置していると大雨のときに流れが悪くなってあふれてしまいますので，定期的にゴミさらいをしないといけませんね．これはリンパ節に集まるリンパ球のお仕事．ここから先は，免疫のおはなしになりますよ．

カリウムイオンと1号液のおはなし

細胞の電気の作り方（細胞内情報伝達）について確認しました．「ナトリウムイオンは細胞の外に多くて，カリウムイオンは細胞の中に多い」重要性はもう理解できましたね．ここまでわかれば，化学パートの3章のコラムでの，「1号液」（開始液）のおはなしの続きができそうです．

「具合の悪くなった原因がわからないけど，とにかく輸液（点滴）をしないといけない」ときに使うのが1号液．ポイントは「カリウムイオンを含まないこと」でした．

「1号液にはカリウムイオンは
含まれていない」
だったね！

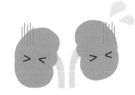

あっ!! 血液中の
カリウムイオンを，尿として
体外に捨てられない！

細胞が
生きるためには必要だけど，
細胞外（血液）に多いと，
細胞が電気を作れないよ

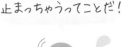

それって心臓が
止まっちゃうってことだ！

ここで具合の悪くなった原因が「腎臓がうまく働かなかった」と考えてみてください．腎臓がうまく働かないと，血中中にカリウムイオンが増えたときに，レニン・アンギオテンシン・アルドステロン系で体外に捨てることができません．血液に輸液でカリウムイオンが入ってきたら，高カリウム血症を起こして心臓が止まってしまうかもしれません．それでは（生物パートの3章のコラムで確認したように）全身細胞が死の危険です．だから具合の悪くなった原因がわからないときには，輸液にカリウムイオンの入ったものを使ってはいけません．

カリウムイオン自体は，細胞が電気を作るために必要なイオン．ただし細胞内外の量（どちらに多いのか）はちゃんと守らないといけません．血中カリウムイオンの量をコントロールする腎臓（をはじめとする泌尿器系）．そして血中ミネラル調節に関係する副腎皮質ホルモンのアルドステロン（とそこをコントロールする視床下部や下垂体）．それらの異常がないこと（カリウムイオンを適切に体外に出せること）を確認してから，カリウムイオン入りの輸液の出番になります．

最初に使う1号液（開始液）にカリウムイオンが含まれていない理由，これで理解できましたね．

6章

身体防御・免疫：
侵入者なんて許さない

最後は，ヒトの体を守る「免疫」についてのおはなしです．

ヒト以外のもの…細菌やウイルス等は，ともすればヒトに悪い影響を及ぼします．もちろん，すべての細菌やウイルス等がヒトに悪さをするわけではありません．腸の中にいて，ヒトにとって必要なビタミン類を作ってくれるいわゆる「善玉菌」もいますからね．

でも，少なくとも一部の細菌やウイルス等はヒトの体の中に入ってしまうとヒトが病気になってしまいます．それは困るので…自分以外のもの（異物：細菌やウイルス等）が入ってこないように，仮に入ってきてもできるだけ早く追い出すようにするのが，免疫に代表される身体防御システムです．

悪さをする細菌等が
入り込まないように，
入り込んできたら
追い出すのが「免疫」！

💡 物理的防御

身体防御のスタートは，皮膚や粘膜による物理的防御です．

皮膚

特に皮膚では，表皮細胞が古くなり核もなくなった細胞（角質）が強固な壁となって，細菌やウイルス等はそうそう入り込むことができません．しかも単なる「壁」ではありませんよ．特に皮膚表面は「壁」で侵入を防いだところで細菌等が増殖しないようにpHが4.5〜5.5の弱酸性になっています．ヒトの血液のpH7.35〜7.45と比べると，かなり違いますね．これは皮膚の表面にでた脂（皮脂）が酸化したため．弱酸性環境下では，細菌等はうまく増殖できません．だから「汚れや微生物が気になる！」とセッケンで洗ってばかりいると，脂による皮膚の弱酸性バリアがうまく保てません．どうしても気になるなら，水かぬるま湯だけでやさしく洗うことです．角質も皮脂も，必要があるからそこにいるのです．目の敵にして，やっきになって取り除かないでくださいね．

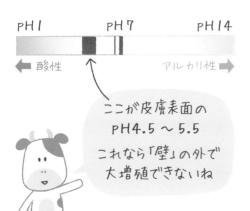

PH1　　　　　PH7　　　　　PH14

← 酸性　　　　　アルカリ性 →

ここが皮膚表面の
PH4.5 〜 5.5
これなら「壁」の外で
大増殖できないね

粘膜

　では粘膜は役立たずか…というと，そんなことはありません．粘液と繊毛が粘膜の防御手段です．粘液というのは，粘り気のある液体のこと．あまり粘り気を感じませんが，だ液も立派な粘液です．粘り気によって異物をからめとり，そのまま体の外へと押し出してしまいます．涙や鼻水が良い例ですね．だ液はくしゃみ，せき，痰で体の外へ出すことになります．

繊毛

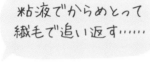

　繊毛は粘膜表面に生えているごく細い毛のこと．この毛は生えている方向と動く向きのおかげで，体の中に入ってきた異物を口や鼻のほうへと押し戻す働きがあります．この繊毛がないと，空気ルートに入ってしまった異物を追い返せなくなってしまいます．

　空気ルートの最後は肺胞という袋．出口がないため，そこに異物が入ってしまうと感染の危険が高まってしまいます．肺（肺胞）の中に食べ物が入ってしまうと，今まで栄養がなかったため，増えることができなかった異物（細菌等）が一気に増殖！　これが「誤嚥」による肺炎です．「誤嚥性肺炎が怖い」というのはこういうことですね．

くしゃみ・せき・痰

　そんなことにならないように，異物を押し出すのがくしゃみ，せき，痰です．くしゃみは鼻・口から咽頭上部の異物，せきは咽頭から喉頭付近の異物を空気の勢いで押し出そうとする働きです．口を開けて見えるあたりまでがくしゃみ，そこから下がせきですね．もっと下…空気ルートの気管や気管支からの追い出しが痰です．

💡 体内の防御態勢

　これらに加えて「化学的」にも防御態勢がありますよ．

鼻水・だ液・胃液

　鼻水やだ液，胃液には異物を分解する酵素が含まれていますから，多少の異物なら体内に入っても壊されてしまいます．さらに，胃酸のおかげで胃の中は強酸性．生き残れる異物はかなり限られてきます．それでも残った異物には，「免疫」の出番です．

💡 白血球（好中球・マクロファージ・リンパ球）

白血球は免疫担当の血球. 5章では，血液の概論のところで説明しました. 白血球は1種類ではありません. たくさん種類がありますが，ここでは好中球，マクロファージ，リンパ球を理解してください.

好中球・マクロファージ

好中球とマクロファージ（単球，Mφともよばれる）は，侵入異物を食べる実働部隊. これらが主役になるのが自然免疫です.

異物を食べて分解することを「貪食」といいます. この分解は細胞小器官のリソソームの働き. 取り込んだ異物はリソソーム内の酵素で壊されてしまいます. さらに，マクロファージは，分解した異物に特徴的な部分（抗原）を自分の表面に出すことができます.「こんな奴が入ってきたよ！」と示すことができるので，これを「抗原提示」といいます.

リンパ球

リンパ球は指揮命令部隊. マクロファージの抗原提示を受け取り，他の細胞に命令するのはTリンパ球. 抗体とよばれるガードマンを作るのがBリンパ球です. 抗体については，少し後でおはなししますね. Tリンパ球は胸腺（Thymus）で，Bリンパ球は骨髄（Bone marrow）で成熟します.

リンパ球の名前と成熟場所の組み合わせはよく聞かれるので，しっかり覚えてしまいましょうね. Tリンパ球には，マクロファージの抗原情報をもとに，異物に侵入されてしまった細胞を壊す情報を伝えるTh1（ヘルパーT1リンパ球またはヘルパーT1細胞）と，Bリンパ球に抗原情報を伝えるTh2（ヘルパーT2リンパ球またはヘルパーT2細胞）がいます. 獲得免疫の中身は細胞性免疫と液性免疫. Th1が主に働く免疫を細胞性免疫，Bリンパ球と抗体が主に働く免疫を液性免疫とよびます.

「好中球やマクロファージが貪食したけど，食べきれない！」というとき，次に働くのは液性免疫です.「液性免疫が働いたけど，侵入異物に細胞内に入り込まれてしまった！」ならば，細胞性免疫の出番になりますよ. 液性免疫は次におはなしする抗体を作ることで，異物が細胞内に入り込まないようにするもの. 細胞性免疫はTリンパ球の一員，キラーTリンパ球（キラーT細胞）が異物に入り込まれてしまった細胞を処分・除去するものです.

食べて壊すよ！
貪食だ！

貪食したあとは
抗原提示！

胸腺育ちだ！
ヘルパー（1と2）と
キラーがいるぞ！

骨髄育ち！
抗体作るよー

💡 抗体

アルブミン

足りないと
むくむよ〜

グロブリン

ガードマンです！
5種類です！

　抗体というのは，侵入者（異物）にくっついて「これが異物ですよ」と示すマーカーのようなもの．抗原抗体反応というのは，侵入者（異物）をガードマン（抗体）が取り押さえている状態です．こうしておけば実働部隊が食べて処理しやすくなりますね．抗体の材料は血漿タンパク質のグロブリン．同じ血漿タンパク質でもアルブミンは，血液の浸透圧を保つ担当です．

　食事を制限するダイエットだと，体重が減っても体が何だかだぶついている気がしませんか？　それは血液中のアルブミンが減ったせいで，細胞・組織の周囲に水がたまる「むくみ」のせいかもしれませんよ．

　抗体には5つの種類があります．それぞれ担当が決まっているので，担当（役割）と抗体の形・名前はセットで覚えてしまいましょう．

Ig-M

Ig-M

初見の相手！
一次応答！
「Y」が5個ある5量体！

これが
異物反応部位
だね！

　まずIg-M．これは「一次応答」を担当しています．一次応答というのは，はじめての異物が体の中に入ってきたときの反応です．はじめての侵入者には何が効くかよくわからないので，Ig-Mには異物反応部位（対抗手段）が5〜6個あります．これが「5量体」です．「このうちどれかは効くはずだ！」という「数うちゃ当たる」戦法ですね．

Ig-G

Ig-G

2回目以降の二次応答！
1量体だけど，数で勝負だ！

　次にIg-G．こちらは「二次応答」の担当です．2回目以降の異物侵入に対しては，異物反応部位は1つだけです．だからIg-Gは「1量体」です．だけど，こちらはIg-Gの数の多さで勝負です．人体内の抗体の約70%はIg-Gですよ．

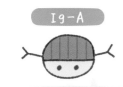

分泌型の2量体！
「母子免疫」といえば，わたし！
（Ig-Gも思い出してあげてね！）

Ig-A

　続いてIg-A．これは異物対応部位2つの「2量体」です．Ig-Aは分泌型．消化管内へ，母乳へと分泌されるのが特徴です．母から子へ伝わる免疫（抗体グロブリン）は，看護師国家試験で質問されやすいですね．「母子免疫」といえば，母乳経由のIg-Aと胎盤経由のIg-Gです．ヒントは抗体のサイズ．Ig-Mは5量体と異物反応部位が多く，大きいため胎盤を抜けて胎児に向かうことができないからです．Ig-Gは1量体ですから，胎盤を抜けることができます．Ig-Aは母乳に出ますから，胎盤を抜ける必要はありませんね．1量体の抗体はあと2つあります．でも，働く場所が特徴的なので胎児へは伝わりません．

Ig-E

　Ig-Eはアレルギー反応で働く抗体．花粉症が代表例ですね．花粉症では，花粉という異物が入り込んできたところをIg-Eが取り押さえます．そして細胞小器官の分泌顆粒に「異物あるから押し流して！」と救援要請．分泌顆粒の中に入っているヒスタミンが，涙や鼻水を出させて異物を体の外へ押し流す…という仕組みになっています．鼻で働いていたら，胎児のところへ行くことはできませんね．

Ig-D

　Ig-Dは白血球の分化で働く抗体．白血球の分化の場所は，骨髄か胸腺です．これまた，胎児のところへは向かえませんね．だから「1量体は3種類あっても，胎児に届くことができるのはIg-Gだけ」です．

予防注射は一次応答を
終わらせるためのもの！

Ig-G

二次応答なら，
ぼくらのフルパワーだ！

免疫の具体例

予防注射

では，これら免疫の具体例もおはなししますね．まず，「予防注射」のおはなしです．

予防注射をする理由，それは一次応答を終了させるためです．異物が体の中に入ってきたとき，それが初見ならIg-Mの一次応答になります．でも2回目以降の二次応答なら，たくさんのIg-Gであっという間に対応できます．だから，あらかじめ無毒（もしくは弱毒）化した異物を体に入れるのが，予防注射の原理です．こうしておけば，注射によって一次応答が行われ，その先に同じ異物が入り込んできたときに病気にならなくて済む（もしくは軽く済んですぐ治る）ことになります．

ただ，異物の種類によって無毒（弱毒）化の度合いが異なります．ちゃんと異物が死んで増殖しない形で注射するものもあれば，異物がまだ生きている状態でないと注射の意味がないものもあるのです．だから，予防注射は体調が悪いときにはできません．少しとはいえ，異物（場合によっては生きている異物）を意図的に体内に入れる以上，免疫状態いかんによっては白血球がフルパワーで働く状態になりえます．条件が悪いと，異物のせいで病気になってしまうかもしれません．「予防注射は異物を体の中に入れて一次応答を終わらせるもの」．この意味をしっかり理解しましょうね．

HIV（ヒト免疫不全ウイルス）

ここまで学んできたように，ヒトの免疫は各種白血球と抗体の複雑な体制をとっています．とても優秀なのですが…一度突破されてしまうと大変なことになります．その一例がHIV（ヒト免疫不全ウイルス）です．

HIVは体内に侵入した後，好中球やマクロファージに食べられます．ここまでは他の異物と変わりません．でも，食べられた後に白血球内で生き残る可能性があります．好中球は寿命が10日ほどなのであまり問題になりませんが，マクロファージは，ものによっては数か月生き残ります．マクロファージはTリンパ球へ抗原提示できましたよね．このとき，Tリンパ球にHIVが入り込むことができてしまいます．

Tリンパ球がHIVに感染してしまうと，大変なことが始まります．Tリンパ球は，Bリンパ球に抗体産生を依頼できる唯一の細胞．おかしくなった（感染した）Tリンパ球は，Bリンパ球に抗体産生を依頼しなくなってしまいます．こうなると，抗体を使った免疫（液性免疫）は使えません．侵入者には実働部隊が貪食で対応していきますが，ガードマンを使えない対応ではいずれ処理が追い付かなくなります．最終的には，異物の体内侵入を抑えることができなくなります．もう，その辺にあるカビぐらいでも重い肺炎を起こしてしまいます．

ダメダメ……

よーし……
Tリンパ球に
入れるぞ……

ねえ，
抗体いいの？
命令してよ！

侵入者多すぎー！
もうダメだー

これが，
理解するほど怖い
AIDSの正体！

これが「日和見感染」の一例．HIV発症，AIDS（後天性免疫不全症候群）と呼ばれる状態です．AIDSの怖さは，免疫の仕組みがわかるほどよく理解できます．HIVそのものについては，微生物学や疾病論で学んでくださいね．

＊

以上，身体防御の仕組みについておはなししてきました．まずは体の中に入れないこと．もし入っても，早く体の外に追い出すこと．これも生体が守る必要のある，恒常性維持の一部ですね．

さて，ここまでの学習をふり返ってみましょう．免疫で大活躍の白血球は，当然細胞です．細胞が生きるためには何が必要でしたっけ？　酸素，グルコース，水…適度な温度（体温）も必要でしたね．だから，呼吸器系も消化器系も循環器系も内分泌系・神経系も大事なのです．

そして細胞が「生きる」ためにはATPが必要．ATPを取り出すためには酵素が必要です．酵素はタンパク質．今回活躍した抗体もタンパク質です．酵素は単なる触媒ではありませんでしたよね．適した温度と，適したpHがありました．単に温度が高ければよい二酸化マンガンのような触媒ではありませんし，pHが最適状態からずれるとうまく働かないだけではなく，タンパク質立体構造が壊れる「変性による失活」も起こりえます．

もちろん，材料となるタンパク質は食べ物からとらないといけませんね．細胞膜の材料は脂質が形を変えたもの（複合脂質）と膜タンパク質．タンパク質は神経伝達物質のもとになりますし，脂質はホルモンのもとにもなっていました．

…生物って，何だかいろいろ関連していますね．気付けば化学の話もちらほら出てくるし…そこに気付いてくれれば万々歳．ヒトの体を理解するための基礎生物のおはなしは，「細胞レベル」を「ヒトが生きるため」に関連付けることができればいいのです．ここまで学んだみなさんは，生化学も生理学も解剖学も（その他の科目も）しっかり理解できるはずですよ！

だってぼくらも「細胞」だもの！

そうか！
酸素とグルコースと水と……

ぼくら，酵素も
思い出してね！

血漿タンパク質アルブミンのおはなし

免疫のおはなしでは，血漿タンパク質のグロブリンが大活躍でした．ここではもう1つの血漿タンパク質，アルブミンの働きに注目．アルブミンには血液の浸透圧を保つ働きがあることは紹介しました．特にここでおはなししたいのは「輸送タンパク」としてのアルブミンです．

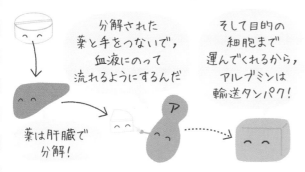

役目は
「浸透圧の維持」
だけじゃないよ！

薬は肝臓で
分解！

分解された
薬と手をつないで，
血液にのって
流れるようにするんだ

そして目的の
細胞まで
運んでくれるから，
アルブミンは
輸送タンパク！

薬は小腸等で吸収され，一度肝臓で分解されてから全身を巡ります．毒を吸収してしまったときに毒がいきなり全身を巡らないように肝臓が解毒を担当しています．肝臓で薬の一部が分解された後，薬はアルブミンと手をつないで血液の中へ．血液にのって必要としている細胞の近くまで運んでもらい，到着したらアルブミンから離れて薬は目的の細胞へ．これが「薬の分布」です．

アルブミンの量は，食べ物と肝臓・腎臓の働きに大きく左右されます．食べ物からの補給が不十分では，肝臓はアルブミンを作ることができません．合成工場でもある肝臓がうまく働けないと，タンパク質合成ができませんね．そして腎臓の糸球体のざるの目がスカスカになってしまうと，

原尿に出てこないはずのタンパク質（アルブミン）が原尿に出てしまいます．原尿にタンパク質が出てくることは想定されていませんから，再吸収の仕組みは準備されていませんよ．原尿に出たアルブミンはそのまま尿として体外に出て行ってしまいます．

これがタンパク尿．同時に低アルブミン血症にもなりますね．だからタンパク質不足の食事や肝臓・腎臓の働きが悪いときには，血漿タンパク質アルブミンが不足します．そのときには同じ人が同じ量の薬を飲んでも，薬の分布が変わってきますよ．

食べ物　　肝臓　　腎臓

異常があると，
アルブミンの量を保てない！

薬は，血液中にたくさんあれば（濃いならば）よいというものではありません．多すぎる薬は目的外の不具合のもとになるだけでなく，場合によっては生命を奪う可能性もあります．ここから先については薬理学で学ぶ内容ですね．

今，基礎生物を学んでいるみなさんは，「アルブミンの役割は浸透圧維持だけではない」「アルブミンは食事や肝臓・腎臓の影響を受ける」という2点を意識してくださいね．

薬理学でも出てくるから，
アルブミンの働きを
忘れないでね！

化学・生物と環境問題

化学と生物のおはなしが一段落しました．これでヒトの体の中で起こっていることが，おおまかに理解できたはず．だけど，まだ「ヒトが生きる」には不十分です．

空気（大気）がないと，呼吸ができません．水や植物・他の動物がいないと，食べて栄養を取り入れることができません．ヒトが生きるためには他の動物・植物といった生物的環境はもちろん，水や土，日光や気温といった非生物的環境も必要です．

ヒトが生きるためには，
非生物的環境も大事！

これら環境に問題があると，ヒトは生きていけなくなってしまいます．「温室効果で気温が上昇して水位が上がった！　陸地がなくなった！」というのはイメージしやすいですね．

そこまで極端でなくとも「ヒトが今まで通りに暮らしていくことができない」ことは十分に起こりえます．ここでは，環境に関係する問題を，ここまで学んだ化学・生物の知識をもとに，簡単にまとめておきましょう．

たとえば，温室効果（温室効果ガス）の主な原因は，ヒトの経済活動（主に企業活動）によって生じた二酸化炭素（CO_2）やメタン（CH_4）．これらの気体は掛け布団のように地球をくるみ，熱が地球から宇宙へ逃げるのを邪魔してしまいます．逃げられなかった熱は大気全体の温度を上げ，気温上昇（地球温暖化）の原因になります．

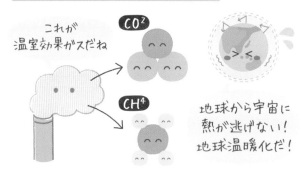

これが温室効果ガスだね

CO_2

CH_4

地球から宇宙に
熱が逃げない！
地球温暖化だ！

また，「酸性雨で生物，動植物が生きていけない！」では，食べ物が食べられなくなってしまいます．酸性雨の原因は，工場排煙や車からの排ガスに含まれる窒素化合物（NO_x）や硫黄化合物（SO_x）．小文字のxには1，2，

3…と数字が入りますよ．窒素化合物なら，xが1だと一酸化窒素（NO），2だと二酸化窒素（NO_2）ですね．

これら原因物質は上空で水に溶けて，酸性になります．そのまま雨として地上に降ると「酸性雨」．酸性雨によって水（水分）が酸性に傾くと，生物の酵素の最適pH（至適pH）を外れてしまいます．酵素が働けないということは，細胞内外の化学反応が進みませんから…最終的に生物（動植物）は死んでしまいますよ．

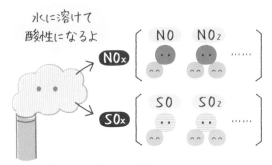

水に溶けて
酸性になるよ

NO_x　　NO　NO_2　……

SO_x　　SO　SO_2　……

水分が酸性だと
酵素の最適pHを外れちゃう！
生物が死んじゃうよ！

同じことは「公害」でも起こります．たとえば，有毒物質を含んだ水や食べ物を口にしたせいで，各種障害が出現した水俣病やイタイイタイ病．また，大気に有害物質が含まれていたため，呼吸しただけで各種障害が出た四日市ぜんそく．他にも光化学オキシダントやPM2.5，シックハウス症候群もここに含まれてきます．

水俣病やイタイイタイ病は水質汚濁（水質汚染）の代表例．水俣病の原因物質は有機水銀（メチル水銀），イタイイタイ病の原因物質はカドミウムです．これら原因物質は水に含まれると生物の体に入り，外に出て行きません．

そして，生物の体内にとどまったまま食物連鎖（捕食者〈食うもの〉，被食者〈食われるもの〉が鎖のようにつながったもの）における上位の生物に食べられるため，どんどん原因物質の濃度が上がっていきます（生物濃縮）．最終的に食物連鎖の最上位にいる捕食者のヒトが生物濃縮した動物を食べ，原因物質が脳や腎臓等にたまってしまいます．水俣病では胎児死亡や奇形，神経障害が，イタイイタイ病では（筋肉が動かない，骨折多発等の）筋骨格系障害が引き起こされました．

ぼくらは生物の中に入ると
出ていかないんだ……

有機水銀 Hg

カドミウム Cd

わずか　たまってくる　すごくたまってくる！

食物連鎖による
生物濃縮だ！
最終的にヒトが
食べるから，
ヒトに悪影響が！

四日市ぜんそくは，三重県四日市市の工場コンビナートからの各種排煙が引き起こした大気汚染によって，さまざまな（主に呼吸器系の）障害が生じたもの．排煙中の（単独ではなく，複数の）化学物質により，鼻やのどの粘膜が刺激を受けて炎症を起こしたことが原因です．炎症によって気道（空気の通り道）が狭くなり，呼吸困難を起こすこともありましたよ．原因物質には，光化学オキシダント，PM2.5が含まれます．

いろいろなところ（工場）から，
いろいろなもの（化学物質）が出た！
そのせいで生じたのが
四日市ぜんそく！

光化学オキシダントのスタートは窒素酸化物（NOx）．酸性雨の原因の1つでした．窒素酸化物とフロンやベンゼンのような揮発性有機化合物（VOC）が，太陽の光で化学反応を起こしてオゾンに変わります．

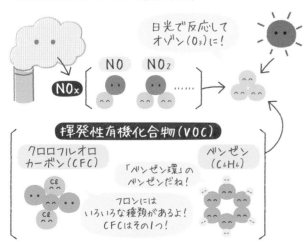

日光で反応して
オゾン（O₃）に！

NO　NO₂　……

NOx

揮発性有機化合物（VOC）

クロロフルオロ
カーボン（CFC）

ベンゼン
（C₆H₆）

「ベンゼン環」の
ベンゼンだね！

フロンには
いろいろな種類があるよ！
CFCはその1つ！

オゾンははるか上空にいてくれれば，紫外線のうち生体に悪影響を及ぼすものを防ぐオゾン層になります．だけど大気でも下の方（ヒトが生活している部分）にあると，強い酸化力ゆえにヒトに刺激を与えてしまいます．これが光化学オキシダント．光化学オキシダントによって白くけむったようになると「光化学スモッグ」です．

オゾンはヒトにとって
刺激物だからね！

また近年は大気汚染物質としてPM2.5も問題ですね．まず，大気中に浮遊する粒子状の物質のうち，粒の大きさが直径10μm以下のものが浮遊粒子状物質（SPM）．これには特定の原因はありません．土ほこりのような自然由来のものもあれば，工場や自動車の排ガス，窒素酸化物（NOx）や硫黄酸化物（SOx）のようにヒトの活動に由来するものもあります．

直径10μm以下

SPM

原因はいろいろ！
土ぼこりも排ガスも
NOxもSOxも…

直径2.5μm以下
PM2.5

その中でも
とくに小さいものが
PM2.5

そのなかでも特に粒が小さい（直径2.5μm以下）ものが微小粒子状物質（PM2.5）です．浮遊粒子状物質（SPM）の時点で，吸い込むと気管等に貼りついて呼吸器系（特に気管支ぜんそくや花粉症等のある人）に悪影響が出るとされています．それが微小粒子状物質（PM2.5）になるともっと奥まで入り込み，細気管支や肺胞にまで悪影響を及ぼしますよ．

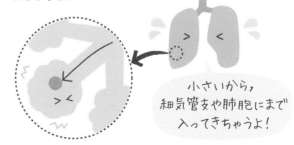

小さいから，
細気管支や肺胞にまで
入ってきちゃうよ！

今までおはなししたのは広い意味での「環境」. 最後におはなしするのはヒトの生活の場としての「環境」です.

ヒトは家で生活する動物. そこに問題があると, やはり今まで通りに生活することができなくなります. 家を建て, リフォームするときの工法・製法が変化し, 使われる化学薬品が増えました. そこに住宅の気密化(木造から鉄筋へ, 木造のままでも断熱効果の上昇等)が加わり, 屋内で化学薬品を原因とする頭痛, 目やのどの痛み, 呼吸困難等を生じてしまったのが「シックハウス症候群」です. 原因物質の代表は, 揮発性有機化合物のホルムアルデヒド(目や鼻など粘膜への刺激, せき, くしゃみ等)ですよ.

ホルムアルデヒド(CH_2O)は粘膜刺激物だ!

住宅の気密化(「もれ」がなくなった)と, 使用される化学薬品の増加のせいだね……

「ヒトの生活の場として環境を整える」ことは, 入院中の患者さんのベッド周囲のおはなしにもつながってきます. 具体的には有害物質(ベッド周囲では病原微生物が「有害」

ですね)の除去や, 危険(ひっかかる, つまづく可能性のあるもの)の予防などですね. そこは基礎看護等の専門領域にお任せしてしまいますよ.

環境の安全確保(環境を整える)は, 看護のおはなしにもつながっていくよ!

*

以上, ごく簡単にヒトと環境についておはなししました. スケールが大きすぎて, 普段は意識する機会がないかもしれません. だけど「『環境』は化学や生物の延長線上のおはなしだ!」ということは, 頭の片隅に入れておいてくださいね.

「環境」は化学や生物の延長線上のおはなしなんだよ!

看護師国家試験では計算問題も出るよ!
だけど, 基本がわかれば難しくない!
次のページからは, 一緒に看護師国家試験に出る計算問題を解いていこう.
計算の基本も確認しようね.
早いうちから計算には慣れておこう!

解いてみよう！計算問題

看護師国家試験では，ほぼ毎年計算問題が出されます．
看護師として最低限できなくてはいけない計算があるからですね．
ここでは計算問題を解くために必要な「計算の基本」を確認しつつ，
看護師国家試験にどんな問題が出るのか見ていきましょう！

1 │ 体格指数（BMI，カウプ指数，ローレル指数）

身長や体重といった，体格をもとに計算するのが体格指数．BMI，カウプ指数，ローレル指数がここに含まれます．健康診断（健診）のときに役立ちますよ．

（1）成人の体格指数（BMI）

体格指数（BMI）は，体重（kg）を身長（m）で2回割ったもので，次のように表します．

$$\text{BMI}＝（体重\,[\text{kg}]）÷\{（身長\,[\text{m}]）^2\}$$

この，身長の（ ）の外側にある右上の小さな2は「指数」でしたね．だから身長150cm，体重45kgの人では，$\text{BMI}＝45÷\{(1.5)^2\}$ になります．

ここで電卓を取り出したくなりますが，看護師国家試験では電卓は使えません．だから手を使って計算する方法に慣れておいた方がいいですよ．とはいえ，いきなり計算を始めると，ややこしくなってしまいます．計算を少しでも楽にするため，ひと工夫を加えましょう．

BMIの式を分数の形で表すと，上の部分（分子）は45，下の部分（分母）は1.5×1.5です．分数で使えるひと工夫は「上下に0以外の同じ数をかけても，上下を0以外の同じ数で割っても，答えは同じ」ということ．BMIの式の上下に

看護師
国家試験では
電卓を使えないよ！

100を掛けてみましょう．分子は45×100，分母は1.5×1.5×100．これで，分母の小数点を2つとも消すことができますね！　分母は1.5×10×1.5×10＝15×15になります．

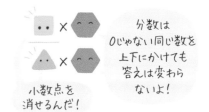

ここで，「掛け算どうしなら，どこから計算をしても答えは同じ」ということを思い出してください．2×3×6を，2×3を先に計算して，6×6にしたら答えは36．3×6を先に計算して18×2にしても答えは同じく，36です．2×3×6を「2×6×3」にして，2×6を先に計算しても，12×3の答えは36ですね．だから1.5×1.5×100を「1.5×1.5×10×10」にしてから，「1.5×10×1.5×10」にしても答えは同じ．1.5×10＝15になるので，分母の小数点が消えるのです．

ここで分数の上下を見ると，15で割ることができそう．約分（上下を0以外の同じ数で割る）ですね．分子は45×100÷15，分母は15×15÷15．それぞれ計算して，分子は3×100，分母は15になりました．

まだ，3と5で約分できますね．分子は3×100÷3÷5，分母は15÷3÷5です．さらに計算すると，分子は {(3×100)÷3}÷5＝100÷5＝20．そして，分母は（15÷3）÷5＝5÷5＝1．

うまく分母が1になってくれたので，もう分数ではありません．だから身長150cm，体重45kgの人は，「BMI＝20」になります．このように，分数で（特に分母に）小数が出てきたときには，上下に同じ数をかけて小数を整数にしてしまいましょう．あとは約分をして，できるだけ簡単にしてから，手で（電卓を使わずに）計算してください．

以上と超，以下と未満の違い

BMIの計算ができたら，「あてはめ」です．BMIは6つの区分に分かれています．計算した結果がどこの区分に入るのか，判断する必要がありますよ．ここで理解しておきたいことが「以上と超，以下と未満の違い」です．

まず，「以上」はその数字を含む，それよりも大きい数．「超」はその数字を含まない，それよりも大きな数を指しています．だから「40以上の整数」といわれたら40，41，42…のこと．「40超の整数」といわれたら，41，42，43…になります．

そして，「以下」はその数字を含む，それよりも小さい数．「未満」はその数字を含まない，それよりも小さい数のことを指しますよ．だから「10以下の整数」だと10，9，8…のこと．また，「10未満の整数」だと9，8，7…になりますからね．ここまでわかれば，BMIのあてはめは難しくありません．

● BMIの6つの区分

18.5未満	低体重
18.5以上25未満	普通体重
25以上35未満	肥満1度
30以上35未満	肥満2度
35以上40未満	肥満3度
40以上	肥満4度

さて，BMIが30の人がいたら，どの区分に入りますか？　「未満」はその数字を含まない，「以上」はその数字を含みますので，BMIが30の人は肥満2度になりますね．

先ほど計算した，身長150cm，体重45kgの人のBMIは20．これは「18.5以上25未満」なので，普通体重です．BMI＝22のときの体重を標準体重とよびますよ．身長150cm，体重45kgの人でBMI＝20だったので，この人は「標準体重より軽い」ことになりますね．

標準体重を求めたいときには，BMIの式にBMI＝22を入れてください．求めたいものをxとおくのが数学の基本．でも，わかりやすいように，求めたい（＝わからない）体重を，ここで**「体重？」**と表してみましょう．身長150cmの人では，（体重？）÷｛$(1.5)^2$｝＝22ですね．

BMI＝22のときの体重が「標準体重」ね！

さて，イコール（等号）でつながれていた左右の辺に，同じ数をかけても答えは同じ．ここは分母と同じ ｛$(1.5)^2$｝を掛けてみてください．

「体重？」÷｛$(1.5)^2$｝×｛$(1.5)^2$｝＝22×｛$(1.5)^2$｝

イコールの左側である左辺は約分すると，分数が消えてしまいます．また，イコールの右側である右辺は22×1.5×1.5ですね．おそらく，「22×1.5」を先に計算した方が楽になるはずです．

22×1.5×1.5 ＝33×1.5 ＝49.5

筆算でもいいですし，「1.5 ＝3/2」だから「先に3を掛けた後，答えを2で割る」でもいいですからね．答えは「体重？」＝49.5 ［kg］になりましたよ．分数や小数は，早く消してしまった方が，計算しやすくなります．

ここまでで，みなさんはBMIを計算して，あてはめて，成人の体格指数を評価できるようになりました．「単に計算して終わり！」ではありませんよ．計算して，あてはめたら肥満（1〜4度）だった．こんなときには緊急性に応じた健康指導が必要になってきますからね．

BMIは計算して終わりじゃないよ！その後に健康指導があるからね！

成人の体格指数の例で，計算の基本（指数，掛け算において順番の入れ替えは自由，約分の前提にある「0以外の同じ数をかけてもいいし，0以外の同じ数で割ってもいい」）も確認できました．また，「以上，超，以下，未満」についても確認できましたよ．あとは，練習あるのみです！

小児には成人と同じ体格指数は使えません．「子どもは小さな大人」ではありませんからね．小児は細胞分裂が激しく，外面も内面も成長著しい時期です．そんなときに十分な栄養が提供されなかったら…．本来できるはずだった成長ができなくなってしまいます．
ここでの「成長」には，精神の発達ももちろん含まれます．精神の発達には多種多様な刺激が必要ですが，その大前提は「中枢の神経細胞が生きているということ」．細胞が生きるために何が必要かは，基礎生物等で学びましたよね．神経細胞が情報を伝えるためには，神経伝達物質も必要．これもアミノ酸から作られることを，生化学等で学びますよ！

（2）小児の体格指数（カウプ指数・ローレル指数）

　小児の体格指数は，カウプ指数とローレル指数．乳幼児にはカウプ指数，学童にはローレル指数を使います．生後３か月から５歳まではカウプ指数で，小学校入学後（６歳以降）はローレル指数に変わります．それぞれ，次のように計算できます．

> カウプ指数：　体重（kg）を身長（cm）で２回割って，その答えに10^4を掛けたもの．
> ローレル指数：体重（kg）を身長（cm）で３回割って，その答えに10^7を掛けたもの．

カウプ指数・ローレル指数

　本によって，計算式の表し方が違うかもしれません．その原因は「単位」です．cm単位とm単位では当然，答えを求める式が変わってきます．カウプ指数の先ほどの計算方法は，「カウプ指数＝（体重［kg］）÷｛（身長［cm］）^{2}｝×10^4」と表すことができます．しかし，次のように示される場合もあるかもしれません．

> カウプ指数＝（体重［kg］）÷｛（身長［m］）^{2}｝
> もしくは カウプ指数＝（体重［g］）÷｛（身長［cm］）^{2}｝×10

　一見違う式に見えますが，出てくる答えは同じです．どうしても気になる人は，身長100cm，体重15kgの幼児で計算してみてください．「１mは100cm（１m＝$1×10^2$cm）」を思い出せば難しくありません．どの式で覚えてもかまいませんが，単位に注意しないと１桁以上ずれた値が出てきます．カウプ指数やローレル指数なら「ん？　変だぞ！」と気付けますが．この後に出てくる希釈や輸液，酸素ボンベ計算では，１桁ずれても気付かずに終わってしまうかもしれません．「計算の前には単位チェック！」を忘れないでくださいね．計算ができたら，BMIのときと同様に，あてはめです．

　学童のローレル指数では，「やせすぎ」「やせぎみ」「普通」「太りぎみ」「太りすぎ」の５区分があります．次のように表されますよ．

●学童のローレル指数と５つの区分

区分	やせすぎ	やせぎみ	普通	太りぎみ	太りすぎ
ローレル指数	100未満	100以上 115未満	115以上 145未満	145以上 160未満	160以上

　ローレル指数が115だったら，どこの区分に入るか…大丈夫ですよね．「以上」と「未満」がわからなかった人は，BMIのところを見直してください．

あてはめに注意が必要なのが，カウプ指数．

　まず，区分については，厚生労働省による基準では「14以下のやせぎみ」「15以上17以下の普通」「18以上の太りぎみ」の3区分があります．カウプ指数を整数で求めて3区分なので，これならすごくシンプルです．でも，他の本やホームページ等でカウプ指数の基準をみると，何だか複雑なものも出てきます．

　また，対象については，生後3か月から5歳までです．体の成長が著しい時期ですね．だから児の成長に合わせて評価をしようとすると，ほぼ1年ごとに区分の枠（の数字）自体が動いていきます．しかも3区分では余りにあいまいなので，ローレル指数と同じ5区分にしようとすると…さらに枠の動きが大きくなります．これではどれで頭に入れていいのかわからなくなってしまいますね．そこで，肥満度やパーセンタイルの出番です．

肥満度

　肥満度は「標準体重からどれくらいずれていますか？」を，％（百分率：パーセント）で示したものです．

$$肥満度[\%]＝（実測体重[kg]－標準体重[kg]）÷（標準体重[kg]）×100$$

　標準体重は標準身長から計算する式がありますが，電卓なしで計算するのはちょっと大変．問題文に「この児の身長に対する標準体重は～kg」と書いてあるはずですよ．

●児童の肥満度の区分

区分	やせすぎ	やせぎみ	普通	太りぎみ	太りすぎ
肥満度	－20％以下	－20％超から15％以下	15％以上20％未満	20％以上30％未満	30％以上

　たとえば，ある身長の標準体重が20kgだったとします．同じ身長で体重20kgのAちゃんの肥満度は次のとおりです．

$$（20[kg]－20[kg]）÷20[kg]×100.$$

　分数の上（分子）が20－20＝0になってしまいます．あとは何を掛けても答えは0なので，肥満度は0％．あてはめると，－15％超の15％未満で，「普通」になります．

　では，これまた同じ身長で，体重16kgのBちゃんはどうでしょうか．

$$肥満度[\%]＝（16[kg]－20[kg]）÷20[kg]×100$$

　分数の上（分子）は（16－20）×100＝（－4）×100になりますね．分数の上下を20で割ると，分数の下（分母）がなくなりました．答えは，肥満度[%]＝（－4）×5＝－20％になります．これがどこの区分に入りますか？　答えは－

20%以下の「やせすぎ」です．「以下」と「超」の違いがわからなかったら，BMIのところを復習ですよ．

「大きいか小さいか」がわからなくなってしまったときには，数直線を引いてみましょう．定規で線を引いて，中央に0．右に行くほど大きな数字，左に行くほど小さな数字をならべますね．「−20」は，0よりもかなり左にあるはずですよ．そしてそこに肥満度の区分も追加してみましょう．「以下」と「超」の意味がわかれば，「大きいか小さいか」で迷うこともなくなりますよ！

パーセンタイル

もう1つのパーセンタイルは，「100人を特定の順番で，小さい方から大きな方へと並べたときに，何番目の人はどれくらいですか？」をみるもの．ここでは「身長」の例で確認してみましょう．

100人の子どもを小さい順に並ばせると，次のように分けられます．

小さい方から…
　25番目の子の身長が，25パーセンタイル（値）
　50番目の子の身長が，50パーセンタイル（値）
　75番目の子の身長が，75パーセンタイル（値）

身長と体重の2つについて，それぞれがパーセンタイルのどこに位置するかを確認します．これを母子健康手帳（の「成長の記録」欄等に）健康診断時に記入することで，個人の時系列的変化を目に見える形にできます．たとえば，身長はちゃんと伸びているか，栄養不良に陥っていないか，体重増加は一般的な増加の例にならっているか，肥満傾向ではないか…など，健康診断時に出てくる身長・体重の数字だけでは見逃されがちな「傾向」をつかむときには，パーセンタイル値成長曲線を書くと便利ですよ．

ただ，パーセンタイル自体が，計算問題として出ることはないはず．出るとすれば，「小児看護」のエリアの問題ですね．「この児の成長状態をどのように評価するか，適切な介入方法はどれか」などの形での出題になると予想されます．

続いて「希釈」．「うすめる」おはなしですね．
主に必要になってくる分野は「消毒」です．
微生物学と薬理学が重なってくるところですね．

2 | 希釈

まず，希釈（うすめること）のポイントです！

薄める前に入っていた粒の量と，薄めた後に入っている粒の量は同じ

具体例で確認しますよ．あるビーカーがあって，その中には10mLの濃い薬が入っていたとします．その10mLの中には，8個の薬の粒が入っているとしますよ．そのビーカーに水を入れて，100mLの薄い薬を作ったとしましょう．100mLの中に入っている薬の粒は…8個のままです．このように，薄める前後で「粒（薬の成分）」の全体量は変わりません．

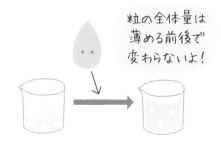

粒の全体量は，液体の量（mL）と濃度がわかれば計算できますよ．モル濃度（[モル/L]）だと「粒の個数」が出てくるのでイメージしやすいのですが，看護師国家試験で出てくる「%濃度[%]」で表すことができるのは，「粒の重さ」です．

「%濃度」の正式名称は「質量パーセント濃度」．「液体全体（溶液）の重さ[g]のうち，溶けているもの（溶質）の重さ[g]は何%ですか？」を示しています．たとえば，「砂糖が10g溶けた砂糖水100g」があったら，10[g]÷100[g]×100＝10%が質量パーセント濃度です．これは「砂糖水100gの中に10%の濃さで砂糖が含まれている」ということ．

溶けている砂糖の量を知りたいときには，濃さ（濃度）と溶液の重さを掛けると出てきます．10%×100[g]＝10[g]が含まれている砂糖の量でしたよね．なお，看護師国家試験では，1mL＝1gとして計算してよいことが前提です．だから「砂糖が10g溶けた砂糖水が100mL」と書いてあっても，その質量%濃度は10[g]÷100[g]×100＝10%ですよ．

次の問題を一緒に解いてみましょう．

●例題

Aという薬剤（濃度25%）がある．これを使って薄めたA（濃度5%）を200mL作りたい．Aを何mL使えばいいか．

まず，薄める前の粒の量はxmLの中に，25％の濃さで含まれています．求めたいものをxとおくのが数学の基本といいましたが，わかりやすいように「何mL？」でも構いません．次に薄めた後の粒の量は，200mLの中に，5％の重さで含まれています．この2つが同じですから，等号（イコール）でつないでしまいましょう．

　　25％×xmL＝5％×200mL

　このとき，左右に0以外の同じ数を掛けても（左右を0以外の同じ数で割っても）答えは変わりません．ここでは両方を5％で割ってみましょう．

　　25％×xmL÷5％＝5％×200mL÷5％

イコールよりも右側の部分は，次のようになります．

5％が0.05になることは大丈夫だよね？

$$\frac{100}{100} = 100\% = 1$$

$$\frac{5}{100} = 5\% = 0.05$$

【「＝」より右側の部分】　5％÷5％×200mL＝1×200mL＝200mL

　5％＝0.05ですから，5％を5％で割ると1ですよ．では，イコールよりも左側の部分はどうでしょうか．

【「＝」より左側の部分】　25％÷5％×xmL＝5×xmL

　25％＝0.25で，5％＝0.05です．だから，25％÷5％のところだけを取り出すと，25％÷5％＝0.25÷0.05＝25÷5＝5ですね．
　ここで，ちゃんと「小数は整数にして計算しやすく」しておきましょう．等号の左右を計算したので，イコールでつなぐと5×xmL＝200mLになります．あとは左右を5で割ると，5×xmL÷5＝200mL÷5になります．答えは，xmL＝40mLですね．だから，答えは次のようになります．
　濃い薬剤A（濃度25％）を40mL使えば，薄めたA（濃度）5％を200mLつくることができる．

　「薄める前と薄めた後の粒の量（薬の成分）は同じ」さえわかれば，後は計算するだけ．左右にうまく0以外の数を掛けて（左右を0以外の同じ数で割って），「xmL＝〜mL」のかたちにしてくださいね．後は練習あるのみ！　ポイントを頭に入れて，計算をどんどん解いてみてくださいね．

　　さて，次からは輸液（点滴）計算のおはなしです．どんなときに輸液が必要になるか具体的にイメージできますか？　ヒトの体組成から確認していくことにしましょう．
　　ヒトの体重の約60％は水分．若い（幼い）ともっと多く，新生児は体重の約70％が水分．年齢が上がると水分量が減って，高齢者では体重の約50％まで減ることもありますよ．細胞の中にある水分（細胞内液）と細胞の外にある水分（細胞外液）では，細胞内液の方が多かったですね．血液や組織液，リンパ液のような細胞外液に目が向かいがちですが，水分たっぷりの細胞質のことも思い出してください．

　まずは大事なことを確認しておきましょう．輸液には「小児用」と「成人用（一般用）」の2種類の輸液セットがあります．違いは「1滴の大きさ（1滴で落ちる輸液の量）」です．

小児用は1滴が1/60mL．➡60滴集めると，1mL．
成人用は1滴が1/20mL．➡20滴集めると，1mL．

小児用は
1滴 1/60ml

成人用は
1滴 1/20ml

60滴で1ml　　20滴で1ml

　小児用の方が，1滴が小さい（量が少ない）ことがわかりますね．小児は体が小さい（体重が軽い）ので，薬の量には十分な注意が必要です．薬理学で有効量（治療量），中毒量，致死量について学ぶところですね．薬として効く量でありながら，毒性（体に悪影響）が出ないように．輸液量を細かく調節するには，1滴が小さい方がやりやすいですよ．

　もっとも，本当に微量の調節が必要ならば，機械（輸液ポンプ）を使うことになります．そのときにもここで練習する輸液計算が必要になりますよ．輸液セットの違いと「1滴の大きさ（1滴で落ちる輸液の量）」は大丈夫ですね．

　次に，みなさんの目標となる，「どんな問題を解けるようになればいいのか」を確認します．

●例題

> 　輸液500mLを，2時間で体の中に入れたい．成人用輸液セットを使うとき，1分間に何滴になるようにセットすればいいか．小数点第1位を四捨五入して答えよ．

　この問題は，「輸液ボトルから出る輸液の量」と「体の中に入る輸液の量」が同じになることがわかれば，解けますよ．

体の中に入る輸液の量と
輸液ボトルから出る
輸液の量はイコールだよ！

　輸液ボトルから出て行く量から確認してみましょう．成人用輸液セットを使うので，1滴が1/20mLですね．1分間あたりに **何滴？** 落ちるようにセットすると，1分間で，**何滴？** ×1/20mLが輸液ボトルから出て行きます．

　続いて，体の中に入る輸液の量の確認です．2時間で，500mLを体に入れる必要がありますね．1時間（60分）あたりだと，250mLが体に入ることになります．1分間あたりに体に入る量は，250÷60[mL]ですよ．体の中に入る量と，輸液ボトルから出て行く量は等しくなるはず．だから「1分間あたり」を等号（イコール）でつないでしまいましょう！

「何滴？」×1/20［mL］＝250÷60［mL］

　この式は，左右に60を掛けると計算が楽になりそうです．イコールよりも左側の部分（左辺）は**「何滴？」**×1/20［mL］×60＝**「何滴？」**×3．そして，イコールよりも右側の部分（右辺）は250÷60［mL］×60＝250［mL］．あとは左右を3で割るだけ．これぐらいはすぐに筆算できるはず．**「何滴？」**＝83.33…と計算の答えが出てきましたよ．

　でも，ここで油断してはいけません．問題文の最後に「小数点第1位を四捨五入」と書いてありました．どこを，どうすればいいか，わかりますか？　小数点（.）の左側が整数部分．小数点の右側が小数部分です．そして，小数点に近いところから小数点第1位，小数点第2位…とよびます．たとえば，「12.345」とあったら，「12」が整数部分．「3」は小数点第1位で，「4」が小数点第2位です．だから「83.33…」では，小数点のすぐ右にある「3」を「どうにかする」ことになります．「どうにかする」内容は四捨五入．つまり，「0，1，2，3，4なら捨てる．5，6，7，8，9なら入れる（1つ上の位に1を足してしまう）」という指示ですね．

　少し練習です．「12.345」の小数点第2位を四捨五入すると…4なので「捨て」てしまいますから「12.3」になります．小数点第3位を四捨五入すると，5なので「入れる」ことになり「12.35」になりますよ．

　また，「どうにかする」には「切り捨て」と「切り上げ」もあります．切り捨ては，数字が何であっても捨てること．切り上げは，数字が何であっても入れることです．だから「12.345」の小数点第1位を切り上げると，結果は「13」．「12.345」の小数点第3位を切り捨てると，「12.34」になります．「どこを」「どうするのか」は問題文に書いてありますので，見落とさないようにしっかり読んでくださいね！

　では問題文を見直して答えを出すことにしましょう．

輸液500mLを，2時間で体の中に入れたい．成人用輸液セットを使うとき，1分間に何滴になるようにセットすればいいか．小数点第1位を四捨五入して答えよ．

　計算の答えは**「何滴？」**＝83.33…．小数点第1位を四捨五入して「83」です．だから1分間に83滴落ちるようにすれば，2時間で500mLの輸液が体の中に入りますよ．

問題文の
指示通りに
できたかな？

ここまでが輸液計算の基本のおはなし．でも，輸液計算の質問のされ方には，別のものもあります．もう1つの基本，「何時間（または何分）後に終わる？」についても確認しましょう．

●例題

> **500mLの輸液を，午前10時から1分あたり5/6mLで開始した．何時に終わるか．終了予定時刻を「午後〜時」で答えよ．**

こんな聞き方をされても，やることは同じですよ．答えを出しやすくするために，2つの部分に分けます．①何分かかるかを計算，そして②「何分？」が何時間にあたるかを計算です．

聞かれ方が
変わっても
①でやることは
さっきと同じ！

①でやることは先程の「1分あたり何滴？」の計算と同じ．輸液ボトルから出て行く量と，体の中に入る量は同じ．輸液ボトルから出て行く量は，**「何分？」**で500mLですね．1分あたりにすると500mL÷**「何分？」**です．体の中に入る量は「1分あたり5/6mL」と問題文に書いてありました．この2つを，等号でつなぎます．

500 [mL] ÷ **「何分？」**＝5/6 [mL]

まず，左右に**「何分？」**を掛けます．左辺は500 [mL]÷**「何分？」**×**「何分？」**＝500 [mL] で，右辺は5/6 [mL]×**「何分？」**ですね．次に，左右に6を掛けますよ．左辺は500 [mL]×6で，右辺が5/6 [mL]×**「何分？」**×6＝5 [mL]×**「何分？」**です．

最後は，左右を5 [mL] で割ってください．左辺は500 [mL]×6÷5 [mL]＝100×6＝600．右辺は5 [mL]×**「何分？」**÷5 [mL]＝**「何分？」**になりました．これで**「何分？」**＝600と答えが出ましたね．500mLの輸液を1分あたり5/6mLで体の中に入れようとすると，600分かかるのです．

ここで止まってしまってはダメですよ．①が終わったら，②に入りましょう．「600分は，何時間にあたるか」ですね．1時間は60分．だから600分は600÷60＝10時間です．そしてもう一度問題文を見直すと…，「午前10時開始．〜終了時刻を『午後〜時』で答えよ」とありますね．だから「10時間後」と答えてしまったら，間違いになってしまいますよ．午前10時は，24時間制でも10時．10時の10時間後は20時です．24時間制の20時は…「午後8時」ですね．答えは「終了予定時刻は，午後8時」になりますよ．以上が，2つ目の基本のおはなしです．

「600分」は
何時間かな？

これで輸液計算の基本の解き方が身に付いたはず．まずは「輸液ボトルから出る量と，体の中に入る量は同じ」．そして「四捨五入，切り捨て，切り上げ」も理解できました．

さらに「分を時間に直し，午前・午後に直すときには24時間制をはさむ」ことも確認できましたね．これらがわかって，問題文をしっかり読めば，輸液計算は怖くありません．

輸液計算ができるということは，決められた量の輸液（やその中の薬）を正しく体の中に入れることができるということ．同時に，次の輸液準備はいつ始めればいいのかの目安が付くことにもなります．もちろん，姿勢によって滴下量は変わるので大まかな目安でしかありません．
それでも「全く予定が付かない！」よりは，準備のタイミングをつかみやすくなりますよね．さらに患者さんに「これ，いつ終わりますか？」と質問されても，予定時刻を伝えることができそうです．

酸素ボンベ計算の基本は化学2章のコラムでおはなししてありますね．
次のページからの問題を，自分で解いてみましょう！

練習してみよう！

ここからは，ここまで学んだ「計算の基本」を使って，
看護護師国家試験の問題を実際に解く練習をしてみましょう！

1 | 体格指数（BMI，カウプ指数，ローレル指数）

体格指数（BMI）

1 ポイントを思い出してみよう！

●体格指数（BMI）の式

$$BMI = \frac{(1.\qquad)}{(2.\qquad)^{(3.\quad)}}$$

単位は大丈夫？
何回使うのかな？
ここで間違えないでね！

2 具体的な問題で計算してみよう！

身長170cm，体重70kgの人のBMIを求めよ．ただし，小数点以下の数が出たら，
小数点第1位を四捨五入すること．

第108回午前90より

1．BMIの式に入れるとどうなるだろう？

$$BMI = \frac{(1.\qquad)}{(2.\qquad)^{(3.\quad)}}$$

2．計算してみよう！

$$BMI = \frac{(1.\qquad)}{(2.\qquad) \times (2.\qquad)}$$

このままじゃ計算しにくいから…
筆算できるように小数点を消そう！

$$BMI = \frac{(4.\qquad)}{(5.\qquad)}$$

これ以上計算を楽にできそうにないね．
しかたない！ 筆算開始！

$$= (6.\qquad)$$

どこまで計算すればいいかな？

問題文の指示に従って四捨五入して…

$$\rightarrow (7.\qquad)$$

できた！

121

3．この数値を，どう評価する？

➡BMI＝（7.　　　　）は，6つの区分（➡P.110）のうち，「（8.　　　　）」に該当する！

3 できるだけ自分で解いてみよう！　誘導がなくなるけど，することとその順番は同じだよ！

> 身長160cm，体重64kgの人のBMIを求めよ．ただし，小数点以下の数が出たら，小数点第1位を四捨五入すること．
> 第102回午後89より

ファイト！

$$BMI = \frac{(1.\qquad)}{(2.\qquad)^{(3.\quad)}}$$

$$BMI = \frac{(1.\qquad) \times (5.\qquad)}{(4.\qquad) \times (5.\qquad)}$$

$$= (6.\qquad)$$

左の計算から，BMI＝（6.　　　）は，6つの区分のうち，「（7.　　　　）」に該当する！

小児の体格指数（カウプ指数，ローレル指数の式）

ポイントを思い出しながら，下の空欄を埋めていこう！

●例題

> 小児の体格指数（カウプ指数，ローレル指数）は，それぞれいくつか．
> 第106回午後21より

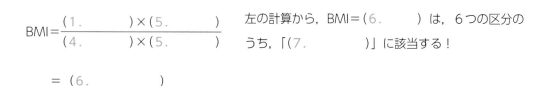

何歳の子に
使う式かな？

カウプ指数＝（1.　　　）×10$^{(2.\quad)}$÷（3.　　　　）$^{(4.\quad)}$
カウプ指数の対象年齢は（5.　　　）

あてはめる評価の部分は，カウプ指数では（6.　　　）個だね．

ローレル指数＝（1.　　　）×10^{(7.　）}÷（3.　　　）^{(8.　）}

ローレル指数の対象年齢は（9.　　　）

これが
大事だよ！

ローレル指数は，（10.　　　）個に分かれていたよ．

2 ｜ 希釈

1 ポイントを思い出してみよう！

（1.　　　　　　　　）と（2.　　　　　　　　　　）は，同じ

2 具体的な問題で計算してみよう！

> 5％の薬液を使って0.2％希釈液を2000mL作る．必要な5％薬液の量を求めよ．
> ただし，小数点以下の数が出たら，小数点第1位を四捨五入すること．
>
> 第104回午後90より

1. 使用する薬液を「何mL？」とすると…

　薄める前の薬液中の粒の量＝（1.　　　）×「何mL？」

　薄めた後の薬液中の粒の量＝（2.　　　）×（3.　　　）mL

　　　　　　　　　　　　粒の量は濃度×液体量だったよね！

2. 希釈のポイントから，前後を等号でつなぐと…

　（1.　　　）×「何mL？」＝（2.　　　）×（3.　　　）mL

3. 左右を同じ数で割って（ときには同じ数を掛けて）答えを出そう！

　（1.　　　）×「何mL？」×（4.　　　）＝（2.　　　）×（3.　　　）mL×（4.　　　）

　（5.　　　）×「何mL？」　　　　　＝（6.　　　）×（3.　　　）mL

　　　　　　「何mL？」　　　　　　＝（6.　　　）×（3.　　　）mL÷（5.　　　）

　　　　　　　　　　　　　　　　＝（7.　　　）mL

粒の量は同じ！

3 できるだけ自分で解いてみよう！　誘導がなくなるけど，することとその順番は同じだよ！

> ６％の薬液を使って0.02％希釈液を1500mL作る．必要な６％
> 薬液の量を求めよ．ただし，小数点以下の数が出たら，小数
> 点第１位を四捨五入すること．
>
> 第106回午後89より

ファイト！

薄める前の薬液中の粒の量＝（1.　　　）×「何mL？」
薄めた後の薬液中の粒の量＝（2.　　　）×（3.　　　）mL
⇩
（1.　　　）×「何mL？」＝（2.　　　）×（3.　　　）mL
⇩
（1.　　　）×「何mL？」×（4.　　　）＝（2.　　　）×（3.　　　）mL×（4.　　　）
　　　（5.　　　）×「何mL？」＝（6.　　　）×（3.　　　）mL
　　　　　　「何mL？」＝（6.　　　）×（3.　　　）mL÷（5.　　　）
　　　　　　　　　　＝（7.　　　）mL

3 │ 輸液

1 ポイントを思い出してみよう！

●輸液セットの種類と１滴の量

成人用だと１滴＝（1.　　　）mL　{１mL＝（2.　　）滴}
小児用だと１滴＝（3.　　　）mL　{１mL＝（4.　　）滴}

１滴の大きさが
違うんだね！

成人用を「一般用」とよぶこともあるからね！

●輸液計算をするときのポイント

輸液ボトルから（5.　　）量と，体の中に（6.　　）量は同じ！

この２つがイコールにならないと，どこかで漏れてることになっちゃうよ！

2 具体的な問題で計算してみよう

点滴静脈内注射750mL/5時間の指示があった．20滴で約1mLの輸液セットを使用した場合，1分間の滴下数は何滴か求めよ．　第101回午後46より

輸液ボトルから出た量は…

（1.　　　）時間で，（2.　　　　　　）mLが出て行く．

つまり，1時間（60分）では（3.　　　　　　　　）mLが出て行く．

と，いうことは…1分間では，（4.　　　　　　　　　）mLが出て行く．

「1時間で」「1分で」どれだけ出ていくのかな？

1分間に体の中に入る量は…

20滴で1mL　…きっとこれは（5.　　　）輸液セット使用だ！　つまり，1滴で（6.　　　）mL.

1分間に「何滴？」落ちるとすると，1分間に体に入る量は（6.　　　）mL×「何滴？」

この2つはイコールでつながるはずだから…

（6.　　　）mL×「何滴？」＝（4.　　　）mL

1分で「何滴？」にするとどれだけ体の中に入る？

左右を同じ数で割って（ときには同じ数を掛けて）答えを出そう！

（6.　　　）mL×「何滴？」　　　　　　＝（4.　　　）mL

（6.　　　）mL×「何滴？」×（7.　　　　）＝（4.　　　）mL×（7.　　　）

　　　「何滴？」　　　　　　　　＝（8.　　　）

3 できるだけ自分で解いてみよう！　誘導がなくなるけど，することとその順番は同じだよ！

体重9.6kgの患児に小児用輸液セットを用いて，体重1kgあたり1日に100mLの輸液をする．このときの1分間の滴下数は何滴か求めよ．　第106回午後90より

1日に入れる輸液の量＝体重［kg］×1kgあたり1日の必要輸液量［mL］
　　　　　　　　　　＝（1.　　　）×（2.　　　）mL＝（3.　　　）mL

これを24時間で入れるから…

1時間だと（3.　　　　）mL÷24

1分だと…（3.　　　　）mL÷24÷（4.　　　）

まず「何mLを何時間で
体にいれるのか」からだね

1分間に，小児の体に入る量は…

（5.　　　　）mL×「何滴？」

等号（イコール）でつないで…

（5.　　　　）mL×「何滴？」＝（3.　　　　）mL÷24÷（4.　　　）

（5.　　　　）mL×「何滴？」×（6.　　　）＝（3.　　　　）mL÷24÷（4.　　　）×（6.　　　）

「何滴？」＝（7.　　　）

4 ｜ 酸素ボンベ

1 ポイントを思い出してみよう！

●比例の式のポイント

ポイント自体は
難しくないでしょ？

①（1.　　　　　　　　　　），等号（イコール）でつなぐ

②（2.　　　　　　　　　　　　　　），等号（イコール）でつなぐ

なお，「⓪問題文を比例の式を立てやすいように書き替える」が
入ってくることもあることに注意！

実はこれが
結構大事

> 酸素を3L/分で吸入している患者．移送時に使用する500L酸素ボンベ（14.7MPa
> 充填）の内圧計は，4.4MPaを示している．使用可能時間（分）を求めよ．ただし，
> 小数点以下の数値が得られたときには，小数点第1位を四捨五入すること．
>
> 第102回午後90より

まず，計算していく順番は次の通りでした．

（ⅰ）酸素ボンベ内の酸素の量を計算する

（ⅱ）何時間（何分）もつか計算する

> （ⅰ）がわかれば
> （ⅱ）が解けるね！

（ⅰ）がわかるために，情報を整理しましょう．

充填当時（フルに酸素が入っている状態）だと…

　〈圧力〉は（1.　　　　）MPaで，酸素は（2.　　　　）L入っている．

現時点では，内圧計によると…

　〈圧力〉は（3.　　　　）MPaで，酸素は「何L？」入っている！

ここで，比例の式のポイント①から…

（1.　　　　）MPa：（2.　　　　）L＝（3.　　　　）MPa：「何L？」

そして，比例の式のポイント②から，外側どうし，内側どうしを掛け合わせて…

（1.　　　　）MPa×「何L？」＝（2.　　　　）L×（3.　　　　）MPa

> あとは計算だ！

では，左右を同じ数で割って（もしくは同じ数を掛けて）答えを出しましょう！

（1.　　　　）MPa×「何L？」÷（1.　　　　）＝（2.　　　　）L×（3.　　　　）MPa÷（1.　　　　）

　　　　　　　「何L？」＝（2.　　　　）L×（3.　　　　）÷（1.　　　　）

　　　　　　　　　　　＝（4.　　　　）L

ここで，今，酸素ボンベの中には酸素が（4.　　　　）L入っている！（ⅰ）の計算が完了！

（ⅰ）「現時点での酸素ボンベ内の酸素の量」を計測するまでで終わるなら，ここで筆算をはじめます．

今回は，（ⅱ）「酸素ボンベはどれくらいもつのか」まで問題があるので，これ以上の計算はしませんよ．

続いて（ⅱ）を解くための計算です．

1分当たり，その患者さんに必要な酸素は（5.　　　　）Lだから…（5.　　　　）Lなら，1分もつ．

また，今，酸素ボンベの中には（4.　　　　　　）L入っているから…（4.　　　　　　　）Lなら，「何分？」もつ．

ここで，比例の式のポイント①から…

（5.　　　　）L：1［分］＝（4.　　　　　　　）L：「何分？」

答えの出しかたは
問題文を
よく読んで！

比例の式のポイント②から…

（5.　　　　）L×「何分？」＝1［分］×（4.　　　　　　　）L

左右を同じ数で割って（ときには同じ数を掛けて）答えを出そう！

（5.　　　　）L×「何分？」÷（5.　　　　　）＝1［分］×（4.　　　　　　　）L÷（5.　　　　）

　　　　　　「何分？」　　　　　　　　＝（6.　　　　　　）分

問題文の指示に従って四捨五入して…　　　　→（7.　　　　　）分

　　　　　　　答えは（7.　　　）分

（ⅱ）が終了！　最終的な答え方は，問題文次第だよ．最後まで気を抜かないで確認してね！

3 自分の力だけで解いてみよう！　誘導がなくなるけど，することとその順番は同じだよ！

> 酸素を3L/分で吸入している患者．移送時に使用する500L酸素ボンベ（14.7MPa
> 充填）の内圧計は，5MPaを示している．使用可能時間（分）を求めよ．ただし，
> 小数点以下の数値が得られたときには，小数点第1位を四捨五入すること．
>
> 第107回午前90より

まず，計算していく順番は…

（ⅰ）酸素ボンベ内の酸素の量を計算する．

（ⅱ）酸素ボンベが何時間（何分）持つか計算する．

●酸素ボンベ内の酸素の量を計算する

情報を整理すると…

充填当時には，圧力は（1.　　　　）MPaで，酸素は（2.　　　　）L入っている．

現時点では，圧力は（3.　　　　）MPaだから，酸素は「何L？」入っている！

ここで，比例の式のポイント①から…

（1.　　　　）MPa：（2.　　　　）L＝（3.　　　　）MPa：「何L？」

そして，比例の式のポイント②から…

「？」L＝（2.　　　　）L×（3.　　　　）MPa÷（1.　　　　）MPa

　　　＝（4.　　　　）÷（1.　　　　）L

さらに使用可能時間の計算が残っているときは，筆算はすぐにはせず，ストップ！

「今，酸素ボンベの中には酸素が『（4.　　　　）÷（1.　　　　）』L入っている！」とわかったところで，とどめておく．

●酸素ボンベが何時間（何分）もつか計算する

この問題の患者さんは，酸素の量が（5.　　　　）Lなら，（6.　　　　）分の間はもつ．

そして，酸素ボンベの量が『（4.　　　　）÷（1.　　　　）』Lなら，「何分？」もつ．

（5.　　　　）L：（6.　　　　）分＝（4.　　　　）÷（1.　　　　）L：「何分？」

　（5.　　　　）L×「何分？」＝（6.　　　　）分×{（4.　　　　）÷（1.　　　　）L}

　　　　「何分？」＝（6.　　　　）分×{（4.　　　　）÷（1.　　　　）L}÷（5.　　　　）L

　　　　　　　　＝（7.　　　　）分

問題文の指示に従って，四捨五入して…（8.　　　　）

（ⅱ）が終了！

比例の式，できた？

計算問題はやり方がわかったら，
後は練習あるのみ！
何回も解くと，早く正確に
できるようになるよ！

129

解 答

 1 │ 体格指数（BMI，カウプ指数，ローレル指数）

体格指数（BMI）

1 ▶ ポイントを思い出してみよう！

1. 体重［kg］　　2. 身長［m］　　3. 2

2 ▶ 具体的な問題で計算してみよう

1. 70　　2. 1.7　　3. 2　　4. 70×100

5. 17×17（＝289）　　6. 24.2　　7. 24

8. 普通体重

3 ▶ できるだけ自分で解いてみよう！

1. 64　　2. 1.6　　3. 2　　4. 1.6×1.6（＝2.56）

5. 100　　6. 25　　7. 肥満1度

小児の体格指数（カウプ指数，ローレル指数の式）

1. 体重［kg］　　2. 4　　3. 身長［cm］　　4. 2

5. 生後3歳から5歳　　6. 3　　7. 7　　8. 3

9. 6歳以降　　10. 5

 2 │ 希釈

1 ▶ ポイントを思い出してみよう！

1. 薄める前に入っていた粒の量

2. 薄めた後に入っている粒の量

2 ▶ 具体的な問題で計算してみよう

1. 0.05（＝5％）　　2. 0.002（＝0.2％）　　3. 2000

4. 1000　　5. 50　　6. 2　　7. 80

3 ▶ できるだけ自分で解いてみよう！

1. 0.06（＝6％）　　2. 0.0002（＝0.02％）　　3. 1500

4. 10000　　5. 600　　6. 2　　7. 5

3 │ 輸液

1 ▶ ポイントを思い出してみよう！

1. 1/20　　2. 20　　3. 1/60　　4. 60

5. 出た（出る）　　6. 入る

2 ▶ 具体的な問題で計算してみよう

1. 5　　2. 750　　3. 750÷5

4. 750÷（5×60）　　5. 成人用（一般用）

6. 1/20　　7. 20　　8. 50

3 ▶ できるだけ自分で解いてみよう！

1. 9.6　　2. 100　　3. 960

4. 60　　5. 1/60　　6. 60

7. 40

4 │ 酸素ボンベ

1 ▶ ポイントを思い出してみよう！

1. 同じものを同じ側にして

2. 外側どうし，内側どうしを掛け合わせて

2 ▶ 具体的な問題で計算してみよう

1. 14.7　　2. 500　　3. 4.4

4. 500×44÷147（＝22000÷147）　　5. 3

6. 49.8…　　7. 50

3 ▶ できるだけ自分で解いてみよう！

1. 14.7　　2. 500　　3. 5

4. 2500　　5. 3　　6. 1　　7. 56.6…

8. 57

おわりに

‥‥‥‥‥‥‥‥‥

　ヒトの体は，とても複雑ですが，最初は受精卵という１つの細胞です．個体として生きていく中で，個々の細胞が役目を果たせるかどうかという細胞の話へと最後は戻っていきます．だから，生物の理解が大事なのですね．

　では，生物と無生物とはどう違うのか．生物が生きていくために何が必要かを理解する土台として，「化学の理解」も必要になってきます．

　生物と化学を「別科目！」と分けてしまわないでください．片方の科目を一通り学んだ後，もう片方を読み直してみてください．そうしたら「あっ！　あそこと関係していたんだ！」と気付けるところがあるはずです．

　その「気付き」こそが「理解」につながります．

　理解できれば，単なる丸暗記からはおさらばです．その理解は生化学や生理学，解剖学をはじめ，他の科目の理解にもつながりますよ．

　みなさんの学び，そして学生生活が楽しく，有意義なものになりますように．

　そして看護師国家試験に無事に合格できますように．

橋本　さとみ

INDEX

· · · · · · · · · · · · · · · · · · · ·

たのしく読めてスラスラわかる！
化学・生物

2022年9月5日　初版　第1刷発行

編　著	橋本　さとみ
発行人	小袋　朋子
編集人	増田　和也
発行所	株式会社 学研メディカル秀潤社 〒141-8414　東京都品川区西五反田2-11-8
発売元	株式会社 学研プラス 〒141-8415　東京都品川区西五反田2-11-8
印刷製本	凸版印刷株式会社

この本に関する各種お問い合わせ先
【電話の場合】
• 編集内容については Tel 03-6431-1231（編集部）
• 在庫については Tel 03-6431-1234（営業部）
• 不良品（落丁，乱丁）については Tel 0570-000577
　学研業務センター
　〒354-0045　埼玉県入間郡三芳町上富279-1
• 上記以外のお問い合わせは
　学研グループ総合案内 0570-056-710（ナビダイヤル）
【文書の場合】
• 〒141-8418　東京都品川区西五反田2-11-8
　学研お客様センター
　『たのしく読めてスラスラわかる！
　化学・生物』係